软件测试之困

肖利琼◎著

测试工程化实践之路

人民邮电出版社

北京

图书在版编目（CIP）数据

软件测试之困：测试工程化实践之路 / 肖利琼著
. -- 北京：人民邮电出版社，2023.3（2024.3重印）
ISBN 978-7-115-59933-9

Ⅰ. ①软… Ⅱ. ①肖… Ⅲ. ①软件－测试 Ⅳ.
①TP311.55

中国版本图书馆CIP数据核字(2022)第160296号

内 容 提 要

本书以软件测试工程化思维为基础，立足项目，采用描述、对话和独白等方式讲述测试工作中发生的故事，内容丰富、实用性强，是一本能帮助测试人员快速成长的图书。

本书首先介绍了测试工程化的认识和测试人员的商业意识；接着介绍了测试流程设计，以及如何通过流程拉齐各成员之间的目标，达到成员之间的合作有序和软件产品的质量可控；然后通过流程与技术的融合、测试用例规范化编写、测试平台建设和测试创新这4个重要测试主题的讲解，指导测试同行在测试工程化的道路上不断探索并找到流程、技术的最优解；最后介绍测试工作评价过程中的常见问题及解决方法。

本书既可作为测试主管（或测试经理）和一线软件测试人员的进阶读物，又可作为软件开发及相关专业人士的参考用书。

◆ 著　　　　肖利琼
　　责任编辑　张　涛
　　责任印制　王　郁　焦志炜
◆ 人民邮电出版社出版发行　　北京市丰台区成寿寺路 11 号
　　邮编　100164　　电子邮件　315@ptpress.com.cn
　　网址　https://www.ptpress.com.cn
　　北京盛通印刷股份有限公司印刷
◆ 开本　800×1000　1/16
　　印张：14.5　　　　　　　　2023 年 3 月第 1 版
　　字数：320 千字　　　　　　2024 年 3 月北京第 5 次印刷

定价：69.80 元

读者服务热线：(010)81055410　印装质量热线：(010)81055316
反盗版热线：(010)81055315
广告经营许可证：京东市监广登字 20170147 号

序 一

什么是软件测试工程化？要弄清楚这个概念，首先需要理解什么是工程化，如软件研发如何从作坊式研发上升到软件工程式研发（可参考阿朱于 2009 年出版的《走出软件作坊》）。工程化一般从项目目标出发，经过获取需求、分析需求、方案设计、实现落地等一系列规范操作，实现阶段性目标，最终在预算内按时、保质、保量地实现业务目标，甚至可以做到"多、快、好、省"。工程化中存在计划、分析、设计、实施和评价等关键环节，而且重视项目管理、质量管理和工具的使用等，具体体现在 3 个方面：系统化、模块化和规范化，即能够系统地解决问题，而不是片面、局部地解决问题；面对复杂问题，能够逐层分解问题，然后各个击破；最终把解决问题的思路梳理成合适的流程、策略和模式等，并持续改进，保证软件测试能够持续、稳定地进行。

读者基于上述理解，就容易理解软件测试工程化、测试计划、测试分析和测试设计等的重要性。在面对测试风险时，也会清楚如何寻找合适的测试策略来应对，并了解如何通过测试流程更好地保证测试质量，如何通过自动化测试提高测试效率，以及如何规范测试行为、评价测试结果等。这些都是测试中的重要工作思维，也就是工程化思维。测试的目的是守护质量，因此"防守"要全面、系统，尽可能做到万无一失，否则上线后某个功能特性可能出现严重缺陷，影响交付质量。测试工作符合"木桶原理"，即表现最差的环节会降低测试的整体水平。在测试工作中，工程化的思维和实践尤为重要，因为每一个环节都需要测试工程化的支撑。软件测试有以下发展趋势：从性能测试、安全测试发展为性能工程、安全工程，从测试发展为质量工程。

本书从测试工程化的角度出发，关注市场需求和业务价值的实现，努力找到质量和进度的平衡点，帮助测试人员建立工程化思维。本书重点讨论测试流程设计、测试用例规范化、测试平台的建设、技术与流程的融合、测试工作评价和测试创新等主题，每一个主题都和测试工程化紧密相关。测试人员想要做好测试工作，本书涉及的这些内容不容忽视。因此，我们不是为了工程化而工程化，而是为了项目成功和业务成功的需要。现在，自动化测试和测试开发大行其道，除测试平台建设以外，其他环节容易被忽视，作者在这个时候写作这样一本书，就是为了点醒许多"梦中人"，提醒他们不要忘记测试之本，更不可本末倒置。

本书在写作时使用了对话和独白的方式，可使读者身临其境，切实感受所处的工作场景，从而更容易理解作者的经验和思考。

本书围绕实际案例介绍测试工程化的方方面面，内容丰富，语言活泼生动，读者在阅读中会感到轻松愉悦，在阅读后会感觉印象深刻、回味无穷。相信读者会喜欢本书，并从中受益。

——朱少民

同济大学特聘教授

《敏捷测试：以持续测试促进持续交付》作者

序　二

2006 年，我作为一名测试工程师，赴香港并现场支持一个新特性的首次商用。为此，我进行了 3 个月的充分准备：熟悉需求、设计测试用例、搭建测试环境、执行测试、提交一堆 bug、与开发人员一起定位问题和开展多轮回归测试等。通过努力，我对这个特性涉及的每一个需求场景、曾经出现的每一种 bug 类型、目前的质量现状，以及如何开启"后门"进行测试和调试，了如指掌。

在特性开通的当晚，我在客户的机房中守候了一夜，并且在接下来的几天，持续关注各种指标是否正常。在观察后台的日志时，我被频频报出的错误码惊出了一身冷汗。从我以往的经验来看，每个错误码意味着系统里可能潜伏着一个严重的 bug。可是，这并没有引起其他人的注意，因为既没有用户抱怨，也没有任何客户感知，现场反而一片称赞声，认为本次特性的商用开通非常成功，他们对我的现场支持表示感谢。

虽然客户对我的测试工作表示认同，但是我对自己的测试工作却产生了质疑。在返回的途中，我一直在思考两个问题：

❑ 我平常那么看重并全力以赴的测试工作，意义究竟何在？

❑ 新特性在上线运行后明明有那么多错误码和潜藏的 bug，为什么客户和用户都不在意？

对于这些错误码，测试人员和开发人员通常会如临大敌，想尽一切办法降低它们发生的可能性。为此，我们耗费了大量的时间和精力。

我清晰地记得，每当我在实验室发现一个错误码被触发的场景时，就会立即记录准确的信息并保留现场环境，然后让开发人员定位分析，最后修改代码，并验证问题是否重现。

在平时的实验室测试中，只有反复尝试，才能"幸运"地触发一个错误码，然后提交一个有效的严重 bug，就像找到"宝藏"一样；而在客户现场，我什么都不需要做，只是把特性开通上线，就有一堆错误码出现在面前。令人意想不到的是，现场客户关心的一些运营指标等，我在测试中却完全没有关注过！

如何才能高效地开展测试呢？如何设置合理的测试目标呢？测试价值又是通过什么体现的呢？

如果我只是把自己局限为一名普通的测试工程师，那么上述问题可能一直困扰着我。幸运的是，经过几年的不断思考，我渐渐明白，要从"测试工程商人"的角度思考问题。

阅读本书时，我欣喜地发现，本书开篇就讲述了"测试的工程化"和"测试人员的商业意识"，并且以"房子验收"的比喻和人物对话的形式，生动、形象地诠释了"测试工程商人"。相信本书这样的安排会为很多与我同样处于"困扰中"的测试人员打开一扇窗，启发大家重新思考测试的价值。

本书引用了"敏捷铁三角"模型，启发我们对测试工作进行进一步思考。

❑ 系统的视角。从测试的约束（时间、范围和成本）、质量的目标和要求，以及对客户的价值等维度出发，系统地考虑如何做出每一个测试的决策。

❑ 平衡的艺术。测试是一种平衡的艺术，需要我们在一系列问题中进行平衡和取舍：测试什么，测试到什么程度，如何变动和追踪测试的移动靶向目标，如何分配测试的投入，如何分配测试的时间，重点测试哪些质量属性，如何设定合理的质量目标，如何从用户的角度进行测试，以及针对哪种用户的哪种价值进行测试等。

❑ ROI 最大化。正如本书提到的"测试是一种投资"，需要追求投入产出比（ROI）的最大化。这不仅仅是针对测试经理等管理者而言，而且每一位测试人员都应该在自己负责的工作范围内，像"测试工程商人"一样思考如何基于风险开展测试活动。当没有时间继续测试，又必须立即发布时，你是否能够确保所有已经完成的测试都比那些还没有开展的测试的优先级更高？你是否已经优先测试了那些风险和优先级更高的部分，让严重 bug 尽可能多地尽早暴露？

本书穿插了众多"小故事"，这种写作风格可以让读者的阅读感到轻松愉悦，而且这种写作风格在技术类图书中难能可贵。这些小故事贴近日常工作，这得益于肖利琼平时收集各种素材和持续不断地思考测试领域的各类问题，我们能感受到她的用心和细心。她作为一名测试"老兵"，其敬业精神令人钦佩！

建议各位读者寻找一段属于自己的休闲时光，沏一杯茶，轻松惬意地阅读书中的小故事，开启不一样的"奇妙"测试之旅！

——邰晓梅

"海盗派"方法学创始人

《海盗派测试分析：（MFQ&PPDCS）》作者

对本书的赞誉

本书作者肖利琼不但是杰出的软件测试专业人士，而且是优秀的软件测试团队主管。本书是作者在软件测试领域多年实践的总结，不仅仅是讲授软件测试的技术和实践经验，而且更是在传递软件测试工程化思想——一种将软件测试作为商业投资活动并与业务的商业成功相结合的理念。相信这种理念不但会让读者得到启发并在实践中受益，而且会助力企业取得成功。

——李新胜

迈瑞生物医疗电子股份有限公司集团副总裁

在数字化转型时代，软件测试工程化是非常复杂的，相当依赖测试人员在具体工程实践过程中积累的经验。在此过程中，我们会面对层出不穷的新技术与新工具。此时，我们需要以不变应万变，掌握软件测试的底层逻辑，透过纷繁、复杂的表象，回归软件测试的本质，以测试策略设计为主线，有目的和有针对性地开展各项测试活动。本书提供的理论与实践内容可以很好地体现上述逻辑。本书值得软件测试从业者细细品读。

——茹炳晟

腾讯 Tech Lead、腾讯研究院特约研究员、《测试工程师全栈技术进阶与实践》作者

肖利琼是软件测试领域的实践型专业人士。本书是她多年从事软件测试工作的又一标志性成果。本书通过生动的测试故事、真实的项目案例、有趣的简笔画，将测试思维、测试技术、测试流程、测试评价融于一体。本书写作风格清新，令人爱不释手，阅读时犹如春风拂面。她

提出"测试人员应该具备商业意识、标准化意识、创新意识"，这在测试领域具有前瞻性和导向性。

——崔启亮

北京昱达环球科技有限公司培训经理、中国软件测试认证委员会（CSTQB）专家

本书是肖利琼 20 多年实践经验与思考的总结，她将测试工程化的思想与方法娓娓道来，破解了测试人员面临的诸多困惑。测试生涯犹如攀登高峰，山路崎岖漫长，却奇景不断。读者以本书为手杖，在漫漫实践路上探索，一定能更上一层楼。

——史亮

《软件测试实战：微软技术专家经验总结》作者

本书通过生动的故事、对话，以及轻松的文笔，阐述了测试工程化的理论和实践，剖析了测试的深层机理，值得测试从业者阅读。

——陈晓鹏

软件测试、敏捷及 DevOps 工程师

本书从测试工程化的角度提供测试实践中的经验，让人眼前一亮。本书作者结合自己的丰富项目经历，发掘出了大量测试实施过程中的痛点，并针对这些痛点给出了切实的解决方案和实施建议。无论是测试行业的新人，还是测试项目的管理人员，都可以阅读这本"接地气"的佳作。

——吴晓华

"光荣之路"测试开发培训创始人

肖利琼从事软件质量工作 20 多年，一直在思考和寻找测试工程化的方法并付诸实践，希望能够通过工程化方式将测试工程师从烦琐的测试工作中解放出来。本书是肖利琼多年软件工程化实践与思考的总结，是市面上测试工程化相关读物的上乘之作，给测试行业从业者在测试工程化方面的探索指明了方向。

——薛亚斌

京东金融移动端测试负责人

肖利琼在软件测试领域深耕 20 多年，积累了大量的软件测试工程化实践经验，她现将这些经验进行梳理并集结成书。

你可以将本书放在办公桌上，当在工作中有疑惑的时候，可以翻开它，从中寻找适合自己的解决方法。本书提到的"测试人员的商业意识"尤其值得细细品味，或许会带给你新的启发。

测试是一项没有终点的实践技术，正因为如此，它才值得我们不断探索。

——杨晓慧

AI 机器时代 CTO、华为前测试专家

前　言

为什么写本书

2010 年前后，业界很多人都在讨论"软件测试的未来"这个话题，相当一部分人认为手工测试必然终结，未来将是自动化测试的"天下"。后来，笔者作为面试官，参加了多场招聘活动，发现上述言论对当时的测试从业人员和打算从事测试工作的人都产生了深远影响。在某个周末，笔者写了一篇以"软件测试的未来"为主题的评论文章，然后将它发布到国内知名测试网站 51Testing 上。在该文中，笔者提到了业界人员当时普遍存在的迷茫、浮躁等问题。第二天早上，该篇文章的点击量破千，并成为该网站置顶的头条文章。

十多年过去了，IT 界发生了诸多大的变化，软件测试领域也随之发生了很大变化。随着智能化时代的到来，软件出现在我们生活、学习和工作的各个角落，一些优秀的软件甚至改变了我们生活、学习和工作的方式。例如，网络购物、网络聊天、线上云课堂、线上办公和生活机器人等，软件在它们中起到了关键作用。软件本身的特性决定了工程化软件不可能没有 bug，这也决定了有软件存在的地方便有软件测试的需求。软件测试工作的本质是通过发现问题来守护软件质量，正如很多同行提到的，测试是一项"挑刺"的工作。

软件市场瞬息万变，测试行业在遵循市场规律的同时也在变化，但我们会发现，测试的底层逻辑是不会变的。每个测试人员的测试思维是不一样的，任何方法、工具都不能代替它，这与手工测试、自动化测试的测试手段并无直接关系。测试思维背后的内容有很多，不但包括测试人员对现有业务的认知，而且包括测试人员已掌握的编程语言、数据库、操作系统和网络等基础知识，以及测试人员思考问题的方式，而这涉及抽象能力、心理学、经济学等技能和知识，这些都将影响测试人员采取何种策略开展测试工作。

笔者一直在测试领域耕耘，并且经常与业界人士探讨测试技术的变化与发展。每当在某些方面有所感悟时，笔者就会将它们记录下来，当积累到一定程度时，总想拿出来与大家分享，以期帮助更多的测试从业人员成长，共同推动行业发展。

尽管市面上软件测试类的图书不少，但笔者发现很多图书采取"教科书式"的讲解方式，不够生动，难以吸引读者，于是笔者尝试改变写作风格，在不失科技类图书严谨性的同时，采取描写、对话和独白等方式讲述测试工作中发生的故事，并给出研发工作的实际场景，读者可以从故事和场景中感悟测试技术、测试流程的变化或创新的价值。

由于笔者水平和时间有限，书中难免会存在一些问题，欢迎读者批评指正，并与笔者联系（邮箱为 ch_testinfo@126.com）。本书编辑联系邮箱为 zhangtao@ptpress.com.cn。

致谢

按照讲故事的方式编写科技类图书，这的确给笔者带来了不少挑战，但是，笔者的初心不变，直面挑战，最终完成了本书的写作工作。在此，感谢人民邮电出版社编辑的鼓励与支持。

感谢我的女儿，本书中的简笔画均由女儿张顺媛创作，尽管她学业繁忙，但是依然抽出时间进行创作，这无疑给了我极大的支持。感谢我的先生张滔清，他一直在背后默默地支持我，他也是本书的第一位读者。

感谢朱少民、郎晓梅在百忙之中抽出时间为本书作序，并为完善本书提出了许多宝贵建议。同时，感谢所有为本书写推荐语的同行。

肖利琼

目　　录

第1章　测试工程化的认识

本章简介

在本章中，我们将从工程化角度介绍软件测试，首先以"房子验收"为例进行类比，帮助读者理解什么是测试工程化；然后通过"填写测试用例的故事""测试经理的尴尬"和"工作量评估的差异" 3 个案例阐述测试工程化对测试工作的意义；最后阐述工程化的测试工作会带给测试人员哪些收获和挑战。

1.1　什么是测试工程化

在项目的实际开展过程中，我们经常面临如下场景：

❑　需求不断变化，然而软件交付时间不变；

❑　开发人员将版本发布延期，但没给测试人员留下太多测试时间；

❑　在项目经理要求的新功能上线后，市场人员的反馈是新功能基本没人用。

在面对上述场景时，作为软件测试人员的我们可能会感到压力，因为我们不仅有产品交付的紧迫感，还要守护软件质量。随着项目迭代过程的推进，我们可能发现测试人员并不一定能够在早期就参与到项目中，以及测试人员发现的 bug 并不一定能及时得到修复。有时，我们会遇到软件版本上线时间临近，无论是已发现的 bug，还是不符合需求的设计，都可能有不再修改的情况。我们可能并不赞成带缺陷的版本上线，但产品经理认为已知问题风险可控，版本必须发布，此时我们需要或可以接受目前的版本。

为什么呢？这个决策的背后其实遵循一个原则：测试是一种商业性投资活动。而作为投资活动，投资方必然考虑产品的投资回报率（Return On Investment，ROI），即产品价值问题。这些正是"敏捷铁三角"模型（见图 1-1）所要表达的重要思想。

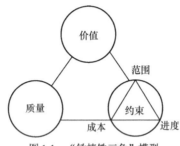

图 1-1　"敏捷铁三角"模型

在一般情况下，所有产品的开发都会受到其价值、质量和约束的限制。其中，约束是指产品的开发受到投入成本、产品功能范围和产品发布进度的共同约束，三者关系紧密，相互影响。软件测试活动也不例外。本书探讨的测试工程化正是这种围绕产品价值的一系列测试活动而有序进行的过程。测试工程化是一个系统化、模块化和规范化的复杂过程。

为了便于读者进一步理解，作者以"房子验收"为例进行类比。下面是关于"房子验收"的故事（本故事仅为类比，与实际房子验收有出入）。

某天，一位名叫陈师的测试专业人士，将一群测试行业"小白"带到一个房子验收现场，现场示意图如图 1-2 所示。

图 1-2　房子验收现场示意图

陈师：这面墙由什么组成？

小白 A：红砖、钢筋、水泥和砂石。

陈师：好！这面墙的完成质量如何？

小白 B：墙已经封顶，而且墙的表面看上去很平整，但墙的完成质量如何评判呢？

陈师首先用锤子在墙面上敲了几下，然后用放大镜看了看，最后用铁凿在红砖之间的接缝处凿了几下。

陈师：你们听到和看到了什么？

小白 C：敲打的声音，有些红砖在敲打后出现了裂痕，而且红砖之间的接缝处掉渣子了。

陈师：昨晚，施工队长告诉我，房子可以验收了，你们就把这个房子当成软件发布的版本吧。大家看看我手上的放大镜、锤子和铁凿，它们可都是验收房子的"利器"呀！我手上的这把锤子很特别，它可以更换几种不同形状的锤头，我在墙面的不同地方使用不同的锤头和不同的力敲打，发出的声音是不一样的。这些锤头和力的组合构成了多种验收方法。通过放大镜，我们可以看到墙面上不易觉察的纹理。根据纹理，我们可以决定使用何种锤头与力的组合来敲打墙面，这与软件测试中的工具和方法的应用类似。在软件测试中，工具和方法的不同组合构成了软件的不同输入，不同的输入会带来不同的输出。我们可以把敲打红砖后出现的裂痕理解为软件的某个功能函数有 bug，需要进一步判断是否修改。红砖之间的接缝处掉渣，说明它们之间的连接有问题，不能通过验收，这就像软件模块之间的接口有问题。如果模块间的耦合度高，那么我们需要考虑优化或重构。

小白 A：哦，原来如此。但是，对于砌好的墙，我们为什么要用锤子、铁凿去破坏呢？这好像是在拆墙。

小白 B：陈老师想表达的是一种测试思想。软件测试不是让你与开发人员对着干。为了测试软件的质量，测试人员需要应用一系列工具和方法。另外，测试人员还需要对软件的功能、性能等进行验收与评价。

此时，陈师冲小白 B 笑了笑，然后说：是的。

陈师接着说：开发人员通过编写代码实现了软件的各种功能。我们可以将一块块红砖看成一个个函数。函数是软件代码中的最小单元。当批量的红砖通过水泥、砂石和水砌在一起时，就会形成一面墙（见图 1-3），这面墙可以发挥比一块砖更大的作用。同理，函数通过多层调用，形成功能模块。多面墙连接在一起，相当于软件的模块集成。这些墙经过组合后，就可以形成一座完整的建筑，如一栋 3 层的楼房。软件开发建造的是软件"房子"。这个"房子"既可以是可独立运行的 App（Application，应用程序），如手机上的备忘录 App，又可以是复杂的控制系统，如航空航天软件系统。

图 1-3 由红砖砌成的一面墙

为了方便读者理解，作者将建造房子和开发软件进行对比，见表 1-1。

表 1-1 建造房子与开发软件的对比

建造房子	作用	开发软件	作用
钢筋混凝土	房子的"骨架"	软件框架	软件系统基础设施（根基）
红砖	组成墙的最小单元	函数	构成软件的最小单元
水泥、砂石	砌墙	实参、形参	实现函数之间的调用
门、窗	人、空气等的出入口	启动、退出等功能界面，用户接口（UI）	系统与用户交互的接口
功能房	客厅、厨房、卧室和书房等	功能模块	根据软件用途开发的各功能模块

小白 C 听后恍然大悟：原来如此，事物是相通的。

小白 C：陈老师，软件测试中有黑盒测试和白盒测试，它们分别适用于何处？

陈师：这个问题提得好！对于功能模块的测试，我们通常采用黑盒测试。白盒测试可用于单元测试、模块集成测试和接口测试。

小白 B：对于软件测试，我理解为"拆房子"，也就是逆向思维有利于发现并解决问题，从而更好地守护软件质量。

陈师："拆房子"这种逆向思维虽好，但并不全面、系统，我们还需要从软件构建的整个体系出发，通过工程化方式，思考如何在软件生命周期的各阶段更好、更快地发现问题。例如，在需求阶段，我们可以纳入需求测试活动，也就是在开发人员未开始编码之前，解决需求问题，避免软件项目未实现需求而推倒重来，从而避免浪费开发人员和测试人员的时间。从产品软件在研发端交付后的后续流程来看，软件在产品量产环境下的安装和售后的用户服务是否方便，以及软件在客户端是否易用等，都是我们在软件生命周期内需要考虑的质量要素。对这些要素进行评估的活动通常称为非功能性DFX[①]测试。

作者认为，只有具备良好工程特性的产品，才是满足客户需求的好产品。软件测试始终需要围绕全链路的工程特性开展，这样才能全面、系统地守护软件质量。

1.2 填写测试用例的故事

一直以来，一些人对软件测试存在如下认识误区：

❏ 软件测试就是用鼠标随便点击几下；

❏ 从事黑盒测试工作没有前途，软件测试人员应向自动化测试、性能测试和安全测试等

[①] DFX（Design for X，面向产品生命周期各环节或特性的设计），X 表示产品生命周期的某一环节或特性，如可制造性（Manufacturability）设计称为 DFM，可装配性（Assembly）设计称为 DFA，可靠性（Reliability）设计称为 DFR，等等。

专项测试方面发展，或者从事测试工具的开发工作；

❑ 软件测试如果不包含需要编码的技术工作，就没技术含量。

下面以"填写测试用例的故事"为例探讨产生这些认识误区的原因，帮助读者建立正确的认知。

测试用例的准确性和充分性决定着对软件中存在问题的揭露能力。测试用例对测试工作的重要性不言而喻，但测试用例的设计与代码的编写并没有必然联系。

Carl 是作者的朋友，同时是消费电子产品领域的软件测试专业人士。某天，他和作者分享了让他感到意外的一次与测试用例设计相关的面试（作为面试官）经历。

Carl：请介绍一下你在工作中执行一项具体测试任务的流程。

应聘者：首先，组长安排任务，然后，我们直接在手机上测试 APK（Android Application Package，Android 应用程序包）。

显然，应聘者的回答并不是 Carl 想要的答案，于是 Carl 对应聘者稍加提示。

Carl：领到任务后，你首先做什么呢？

应聘者：开始测试，也就是在手机上测试。

Carl 认为应聘者还是没有明白他的意思，于是再次提示。

Carl：你们进行测试分析、测试用例设计吗？

应聘者：我们会填写测试用例，但好像没有测试分析与测试用例设计活动。

Carl 当时第一次听到"填写测试用例"这样的说法，感到很诧异。Carl 认为测试用例是设计出来的，他不明白测试用例为什么是填写的。

于是，Carl 问："填写测试用例"是什么意思？

应聘者：我们的项目属于外包项目，任务交付时，需要输出测试报告。因此，我们事先复制外包项目的需求内容，并将它们粘贴到测试用例表格中。当执行完测试用例后，我们再在"测试结果"栏中填上"PASS"（通过），我们将这个过程称为"填写测试用例"。

Carl 突然明白，原来应聘者对软件测试的认识与其工作环境有密切联系。

如果读者作为应聘者，那么应该如何回答 Carl 的问题？虽然答案并非绝对，但可以在一定程度上反映读者对测试工作中测试分析与测试用例设计的认识。

点评

在 Carl 与作者分享了那次经历后，我们就此事进行了热烈讨论。最后，我们一致认为，在测试工程化的路上，技术只有为客户解决问题并创造价值，才是有意义的。目前的软件市场中仍然存在大量项目外包的情况。在从事外包项目的公司中，与上面提到的"应聘者"从事类似工作的人不在少数，这可能会令相关人员产生"测试就是用鼠标随便点击几下""测试没有技术含量"等认识误区。

1.3 测试经理的尴尬

Sherry 是作者的朋友，同时是一家国际知名医疗设备外企的测试经理。在一次讨论测试技术的应用时，她给作者讲述了一个被部门总监 A 质疑的故事。

某天，部门总监 A 请 Sherry 到其办公室，让她解释一下什么是软件测试技术。Sherry 被问得一头雾水，不明白背后发生了什么事情。Sherry 心想，这位总监也曾是程序员，不可能一点都不了解软件测试，肯定是自己工作的某个方面出了问题，而且是他认为相当低级的问题。但这位总监有些"古怪"，偏偏不提及提问背后的原因，只是要求 Sherry 给他解释什么是软件测试技术。Sherry 只好根据自己所学知识和过往经验，介绍了软件测试的方法、工具，以及如何应用等，但总监似乎不太满意，不断追问。

在这样的场景下，Sherry 感到尴尬和委屈，因为部门总监 A 的问题难以用三言两语讲清楚，甚至这个问题太基础，部门总监 A 不应该向她提问。虽有不解，但 Sherry 还是在离开部门总监 A 的办公室后思考良久。

后来，Sherry 了解到，其他研发部门开发的产品因软件质量问题被召回了上千台，风险意识极强的部门总监 A 想要仔细了解自己部门研发的产品是否存在类似问题，于是查看了相关软件测试报告。其中，关于仪器测量病人血液数据的保存正确性的测试用例很少或不充分，甚至大部分测试用例只用来检查界面显示情况，如某按钮亮显、某按钮灰显等。部门总监 A 认为，这样的测试不但毫无重点，而且无关痛痒，是"表面"测试。于是，才发生了上面的对话。

根据 Sherry 后来的描述，部门总监 A 是对图 1-4 所示的"测量数据浏览"界面的测试工作产生了质疑。

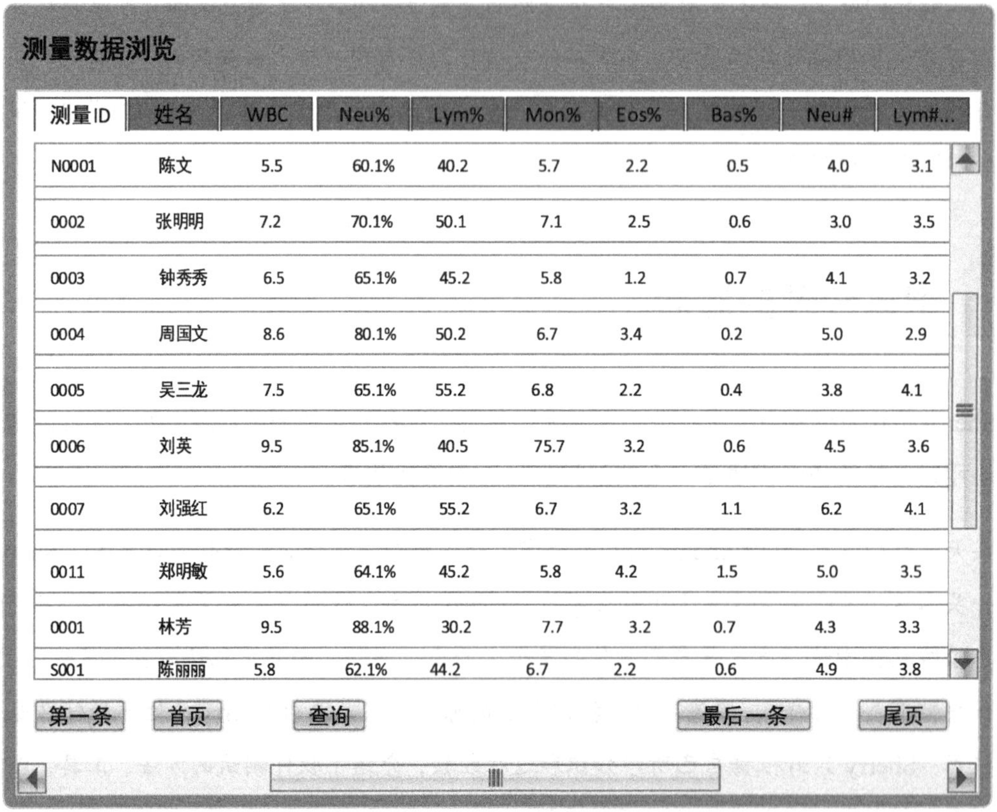

测量数据浏览

测量ID	姓名	WBC	Neu%	Lym%	Mon%	Eos%	Bas%	Neu#	Lym#...
N0001	陈文	5.5	60.1%	40.2	5.7	2.2	0.5	4.0	3.1
0002	张明明	7.2	70.1%	50.1	7.1	2.5	0.6	3.0	3.5
0003	钟秀秀	6.5	65.1%	45.2	5.8	1.2	0.7	4.1	3.2
0004	周国文	8.6	80.1%	50.2	6.7	3.4	0.2	5.0	2.9
0005	吴三龙	7.5	65.1%	55.2	6.8	2.2	0.4	3.8	4.1
0006	刘英	9.5	85.1%	40.5	75.7	3.2	0.6	4.5	3.6
0007	刘强红	6.2	65.1%	55.2	6.7	3.2	1.1	6.2	4.1
0011	郑明敏	5.6	64.1%	45.2	5.8	4.2	1.5	5.0	3.5
0001	林芳	9.5	88.1%	30.2	7.7	3.2	0.7	4.3	3.3
S001	陈丽丽	5.8	62.1%	44.2	6.7	2.2	0.6	4.9	3.8

第一条　首页　查询　最后一条　尾页

图 1-4　"测量数据浏览"界面

为了测试图 1-4 所示的界面上的软件功能（此界面由用户单击前一界面中的"浏览"按钮进入），测试人员设计了一批测试用例，表 1-2 是相应的测试报告。

表 1-2 "测量数据浏览"界面测试报告

测试用例 ID	预设条件	测试用例标题	操作步骤	预期结果	测试结论
DB-1	浏览界面中无数据	无数据时浏览	单击前一界面中的"浏览"按钮，检查界面	进入"测量数据浏览"界面，左上角显示"测量数据浏览"，且显示完整	PASS
DB-2	浏览界面中无数据	无数据时浏览	单击前一界面中的"浏览"按钮，检查数据表标题行	进入"测量数据浏览"界面，数据表标题行从左到右依次显示：测量 ID、姓名、WBC、Neu%、Lym%、Mon%、Eos%、Bas%、Neu#、Lym#	PASS
DB-3	浏览界面中无数据	无数据时浏览	单击前一界面中的"浏览"按钮，向右拖动滚动条，检查数据表标题行	进入"测量数据浏览"界面，数据表标题行在第二屏上从左到右依次显示：Mon#、Eos#、Bas#、RBC、HGB、HCT、MCV	PASS
DB-4	浏览界面中无数据	无数据时浏览	单击前一界面中的"浏览"按钮，继续向右拖动滚动条，检查数据表标题行	进入"测量数据浏览"界面，数据表标题行在第三屏上从左到右依次显示：MCH、MCHC、RDW-C、RDW-S、PLT、PDW、MPV、PCT	PASS
DB-5	浏览界面中无数据	无数据时浏览	单击前一界面中的"浏览"按钮，继续向右拖动滚动条，检查数据表标题行	进入"测量数据浏览"界面，数据表标题行在第四屏上显示 P_LCR	PASS
DB-6	浏览界面中无数据	无数据时浏览	单击前一界面中的"浏览"按钮，检查界面底部的按钮	界面底部的按钮从左到右依次为"第一条""首页""查询""最后一条"和"尾页"，并且都灰显	PASS
DB-7	浏览界面中无数据	无数据时浏览	单击前一界面中的"浏览"按钮，检查界面中滚动条的显示情况	1）拖动水平滚动条时可浏览下一屏中的标题及数据；2）无垂直滚动条	PASS
DB-8	浏览界面中有 1 条数据	仅 1 条数据时浏览	单击前一界面中的"浏览"按钮，拖动水平滚动条，检查数据的显示情况	界面中可显示 1 条完整数据	PASS
DB-9	浏览界面中有 1 条数据	仅 1 条数据时浏览	单击前一界面中的"浏览"按钮，检查界面底部的按钮的状态	"第一条""首页""查询""最后一条"和"尾页"按钮高亮显示	PASS
DB-10	浏览界面中有 1 条数据	功能按钮的响应	单击"第一条"按钮	第一条记录高亮显示	PASS
DB-11	浏览界面中有 1 条数据	功能按钮的响应	单击"首页"按钮	第一页记录高亮显示	PASS

续表

测试用例 ID	预设条件	测试用例标题	操作步骤	预期结果	测试结论
DB-12	浏览界面中有 1 条数据	功能按钮的响应	单击"查询"按钮	弹出"查询"对话框	PASS
DB-13	浏览界面中有 1 条数据	功能按钮的响应	单击"最后一条"按钮	最后一条记录高亮显示	PASS
DB-14	浏览界面中有 1 条数据	功能按钮的响应	单击"尾页"按钮	最后一页记录高亮显示	PASS

　　一开始，Sherry 感到有些委屈，但在她仔细看完这份测试报告后，也认为测试用例的设计不够严谨和专业。后来，她带领团队重新梳理了测试用例设计规范，以及测试用例的设计模板与方法等，并以流程规范为指引推动它们在项目中落地，最终收到成效。

　　优化之后的"测量数据浏览"界面测试报告见表 1-3。

表 1-3　优化之后的"测量数据浏览"界面测试报告

测试用例 ID	预设条件	测试用例标题	操作步骤	预期结果	测试结论
DB-1	浏览界面中无数据	无数据时，检查界面显示情况	1）单击前一界面中的"浏览"按钮，检查界面； 2）向右拖动滚动条，检查数据表标题行； 3）检查界面底部的按钮； 4）检查界面中滚动条的出现情况	1）进入"测量数据浏览"界面，左上角显示"测量数据浏览"，数据表标题行从左到右依次显示：测量 ID、姓名、WBC、Neu%、Lym%、Mon%、Eos%、Bas%、Neu#、Lym#； 2）数据表标题行在第二屏上从左到右依次显示：Mon#、Eos#、Bas#、RBC、HGB、HCT、MCV，数据表标题行在第三屏上从左到右依次显示：MCH、MCHC、RDW-C、RDW-S、PLT、PDW、MPV、PCT，数据表标题行在第四屏上显示 P_LCR； 3）界面底部的按钮从左到右依次为"第一条""首页""查询""最后一条"和"尾页"，并且都灰显； 4）不显示垂直滚动条	PASS
DB-2	浏览界面中有 1 条数据	功能按钮的响应	单击"第一条""首页""查询""最后一条""尾页"按钮	1）第一条记录、第一页记录高亮显示； 2）弹出"查询"对话框； 3）最后一条记录、最后一页记录高亮显示	PASS

点评

对于表 1-2 所列的测试用例,"预设条件""测试用例标题""操作步骤"和"预期结果"中的内容有多处相同或类似,根据每条测试用例的唯一性要求,测试用例的设计与组织明显存在问题。在查看他人编写的测试用例报告时,我们只有了解测试用例设计人员的思路,结合被测试对象的用户需求和软件设计的实现原理,如用户浏览数据的主要目的、目前的实现结果是否满足用户需求、浏览数据从何而来、浏览数据时可能遇到的问题,以及是否设计了相应的测试用例等,才会发现测试用例的缺失或冗余之处,以及漏测带来的风险。

测试用例是测试工作的重中之重。无论是测试通过的测试用例,还是发现 bug 的测试用例,都是测试人员的重要产出,它们是守护产品质量的关键。

如果我们的测试分析高效,测试用例的设计充分,那么,就可以既守护产品质量,又不影响产品上市时间。

1.4   工作量评估的差异

"凡事预则立,不预则废"。在项目立项前,对研发各专业方向工作量的评估便是"预",工作量评估的准确性对"立"有重要影响。企业通过立项方式管理产品的研发过程是一种投资行为,研发人力成本(与工作量对应)通常是其中最大的一笔投入。如果对研发各专业方向评估的工作量太大,那么项目不一定立项成功;如果评估的工作量太小,那么产品可能不会按期交付,继而影响产品上市销售时间。可以看出,项目立项前的工作量评估是一项重要活动,我们需要综合多方面因素对工作量进行评估。

Sherry 所在企业研发的产品首次上市时必须提供中文和英语两种语言功能。在产品上市以后,根据市场需求,该企业还会陆续推出包含其他语言(如法语、德语等)功能的产品,以满足全球用户的需求。

产品本地化是在现有产品的基础上实施的,属于工程改进性项目。以软件为例,一般情况下,软件在设计之初已考虑了国际化需求。对于具备多语言功能的软件产品,我们在测试时需要先进行沟通与模板制作工作，再设计测试方案和测试用例。

关于软件产品多语言功能的测试，Sherry 讲的一个故事让作者印象深刻。某天，Sherry 所在公司的软件总监 J（下称总监 J）找到她，并询问了多语言功能测试相关的问题。

总监 J：目前，你们测试一种产品的某一种语言功能需要多长时间？

Sherry：以一个含 4000 条字符串的中等规模的产品为例，测试工作量多则 5 人天，少则 3 人天，平均为 3~4 人天。

总监 J 在听取某个新部门的测试人员的汇报时，得到的答案是 1 人月。他觉得两个部门存在这么大的差异，有些不可思议，于是询问 Sherry 是如何开展相关工作的。

Sherry：通过实践，我们已摸索出规范的流程和方法，同时开发出了相关工具，才确保实现了这个效率的提升。

总监 J：包括哪些流程、方法和工具呢？

Sherry：流程与多语言项目的运营有关。就我们公司而言，多语言的翻译由专业翻译组或专业翻译公司完成。翻译的结果由软件读取并显示在界面上，翻译的结果和质量对软件测试的工作量有重要影响。例如，对于某个术语，其俄语字符比英语字符宽，翻译返回的俄语结果显示在界面上时，可能出现超长问题。这样，我们需要多次沟通和修改，才能让该术语对应的俄语字符满足软件界面的显示要求。那么，在第一次将中文字符串发给第三方翻译公司前，我们是否可估算出字符串在界面上能够完整显示的宽度呢？可以。于是，我们开发了一款小工具，该工具可以方便地获取软件的界面、对话框、提示框和按钮等控件资源显示的长度，并把此长度作为翻译结果的最大长度（maxlen）进行约束。关于外发翻译的对象、翻译的质量要求和相关费用等，我们与翻译组或翻译公司开会讨论。在了解了翻译组或翻译公司的工作流程后，我们共同设计了一个"字符串翻译承载模板"，见表 1-4（最大长度要素便体现在其中）。在流程规范中，模板是一种常见的解决问题的标准化方法，是工程化的一种体现。按照流程规范做正确的事，可避免我们工作无序时的返工。在采用了此模板后，后续翻译返回的字符串超长的问题大幅减少。例如，原来 3000 个字符串中就存在 300 多个字符串在界面中显示超长的问题，比例大于 10%，而现在我们可以控制在 1% 左右。这种接口流程、交付方法的变化大大提升了后面测试验证的效率。

表 1-4　字符串翻译承载模板

字符串 ID	英语（原语言）	俄语（翻译后的语言）	翻译结果的最大长度（maxlen）
STR-001	Save		10
STR-002	Delete		12
STR-003	Are you sure to delete?		30
...	...		...

总监 J：这是一种比较好的从源头控制字符串超长的好方法。在面对翻译字符串超长的情况时，你们是否也需要调整软件的界面，使之适应不同语言的字符串，以达到完整显示的目的？

Sherry：在面对这种情况时，我们遵守一个原则，即对于多语言的界面显示，尽量不调整界面。对软件的改动尽量小或不对软件进行改动，因为软件的设计是同一套代码，共享同一套界面布局，如果为了适应某种语言而调整界面的宽度，那么在显示其他语言时可能带来问题。

总监 J：明白了。在字符串翻译回来后，你们如何开展后续工作？

Sherry：我们会按照规范的测试流程进行相关工作。在领取任务时，我们需要进行测试方案的设计，即启动多语言测试方案和测试用例的设计。我们的团队经历了多个产品的多语言测试工作，积累了不少经验，形成了可复用的平台性测试方案。同时，我们总结了不同语言的本地化习惯和基于我们的软件的设计特点而需要关注的特性，获得了一套稳定、可复用的测试用例。当开发的新产品需要增加多语言功能时，测试人员无须从头开始分析和设计多语言相关的测试用例，只需将从公共测试用例库中筛选出的测试用例放到新产品上执行即可。

总监 J：这套流程及方法很实用，能够提升整个团队的工作效率。你们可否将这些经验和做法分享给新部门的测试人员？他们那边有个刚上市的新产品，该产品亟需支持多语言，现在的主要瓶颈在测试方面。

Sherry 站在公司发展的角度，答应向新部门的同事提供帮助。

点评

　　从上述总监 J 与 Sherry 的对话中，读者得到了哪些启发？或许，Sherry 所在团队的有些做法值得读者学习。多语言测试工作需要测试人员细心、耐心，又需要多种技巧、方法和工具，在工程实践中，还有很多值得我们挖掘的地方。

　　多语言测试涉及软件的国际化设计、国际化测试，关于它们的详细讲解，读者可参考崔启亮和胡一鸣编写的《国际化软件测试》。

1.5　测试专业人士眼中的黑盒测试

　　上面 4 个故事都与测试技术有关，通过阅读它们，读者应该对测试技术及其应用有了自己的理解。

　　测试行业新人经常会对软件测试包含哪些常用方法，以及如何学习软件测试等问题感到困惑。测试方法是多种多样的。在开发不同类型的项目和遇到不同的问题时，我们采取的测试策略和测试方法有所不同。在多年的测试工作中，作者使用较多的是以业务为主的系统测试。

　　作者所在团队的测试人员勇于挑战，敢于尝试。当遇到偶发性漏测 bug 时，我们尝试开启内存泄露测试、压力测试和性能测试等专项测试；当出现黑盒测试的"盲区"时，我们积极寻找其他手段修复 bug，包括静态代码分析、动态代码调试和插桩编译等白盒测试方法；当因开发人员对项目更改而有可能出现测试不充分的情况时，我们采取灰盒测试方法，或者通过代码覆盖率分析方法设计相关测试用例，进行补充测试；当需要提升测试效率时，我们会有针对性地开发一些测试辅助工具，或者引入业界已有的自动化测试框架或工具。

　　无论是采用白盒测试方法还是灰盒测试方法验证某个功能点，也无论是采用手工方式还是自动化方式执行测试用例，这些方法和方式都是我们有针对性采用的重要测试方法和测试手段，在不同的复杂的软件系统或子系统测试中，它们发挥着重要作用。基于它们的应用特点，我们将它们统一划入专项测试范畴。

如果我们把测试方法比作一条河流，那么系统测试为主河道,易用性测试、可靠性测试、压力测试、性能测试和安全性测试等就是这条河流的分支河道（即专项测试），它们与系统测试相辅相成,用于验证软件系统中各个方面的质量特性（见图 1-5）。自动化测试是提升系统测试和专项测试效率的"利器"。

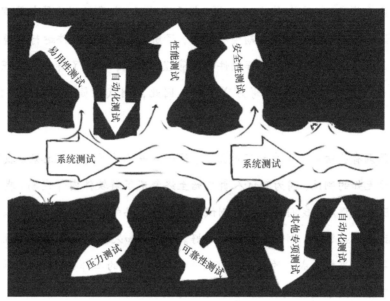

图 1-5　测试方法与河道的类比

我们根据不同产品的需求选择不同的专项测试作为测试时的补充,以便发挥不同专项测试的优势。对于一些类别的产品,我们需要改变测试方法落地的方向,如腾讯公司微信产品的测试主方向是用户体验方面。我们在尝试使用一种新方法或新工具时,并不是每一次都能带来明显回报,但我们仍然要勇于尝试,力求创新。

一些测试人员认为黑盒测试就是功能测试,其实二者是有区别的,黑盒测试是一种软件测试方法,而功能测试是对软件的功能特性进行测试的统称。软件功能层面的测试可以采用黑盒测试方法、白盒测试方法和灰盒测试方法。目前,在测试行业内,测试以功能测试为主,而且在测试功能时,大部分人采用黑盒测试方法,于是便产生了上述误区。

尽管技术在不断更新,但一些底层逻辑是不会变的。美国软件测试专业人士 Cem Kaner 等人合著的《软件测试经验与教训》汇总了 293 条来自软件测试界专业人士的经验与建议,阐述了如何做好测试工作、如何管理测试，以及如何澄清有关软件测试的常见误解，其中的"经验 22"提到"黑盒测试并不是基于无知的测试"。

经验 22：黑盒测试并不是基于无知的测试

黑盒测试意味着产品内部知识在测试中不起重要作用。大多数测试员都是黑盒测试员。想要做好黑盒测试，就要了解用户及其期望和需求，了解技术，了解软件运行环境的配置，了解这个软件要与之交互的其他软件，了解软件必须管理的数据，以及了解开发过程等。黑盒测试的优势在于测试人员与程序员的思考方式不同，因此，测试人员有可能预测出程序员忽略的风险。

黑盒测试强调有关软件的用户和环境知识，这一点并不是所有人都喜欢。我们甚至把黑盒测试描述为基于无知的测试，因为测试人员自始至终都不了解软件内部代码。我们认为这说明人们对测试团队存在误解。我们并不反对测试人员了解产品的工作原理，测试人员对产品了解越多，了解产品的方式越多，测试它的效果越好。但是，如果测试人员主要关注源代码，以及能够从源代码导出（直接生成）的测试，那么测试人员所做的工作也许是程序员已经做过的，并且测试人员掌握的关于这些代码的知识少于程序员。

尽管《软件测试经验与教训》已出版多年，但是书中提到的很多经验与教训，仍然值得我们学习、借鉴。

1.6　测试工作的产出问题

软件测试是软件工程领域的一个分支。软件测试工作的性质决定着它总是处于软件开发工作的"对立面"。关于测试工作的产出，业界人士有着不同的看法。先不论对错，这些看法或多或少会对已从事或打算从事软件测试工作的人产生一些认识上的影响。Carl 向作者分享了他作为面试官的一次经历，在那场面试中，他引导应聘者正确地认识测试工作的产出问题。

Carl：有些人认为，代码是开发人员编写的，即便是测试人员发现的 bug，也是开发人员编写的，而且 bug 的修复也是开发人员通过修改代码进行的。就产品而言，根本看不到测试人员的任何踪迹。你怎么看待这番言论？

应聘者：代码是开发人员编写的，bug 也确实是开发人员的输出，测试人员只是发现它，但这一点已足够重要。开发人员为什么没有在代码设计时发现 bug 呢？因为人都会犯错误，开发人员也一样。其实我认为，开发人员与测试人员在工作中存在一种互补关系。二者的共同目标是及时发现并解决 bug，提高软件质量。

Carl：很好，理解到位。那么，你认为测试工作的产出包括哪些内容？

应聘者：对于用户使用的产品，测试工作的产出好像没有看得到、摸得着的。

Carl：尽管测试人员的输出没有直接体现在产品上，但对产品是否有间接影响呢？

应聘者：间接影响肯定有，如测试人员将 bug 反馈给开发人员，从而提高产品的质量。感谢面试官的提示，面试官可否谈一下自己的看法呢？

Carl：从项目角度来看，测试工作的产出包括测试计划、测试方案、测试用例、测试代码、bug、测试报告和开发的测试工具等。这些产出都是为了更多、更快地在研发内部发现 bug。从测试本身来看，能够提升测试工作的质量和效率的输出都是测试工作的产出。测试工作的产出是指能够给项目或组织带来反馈的所有输出。测试工作的产出出现在产品的整个开发链路中，除服务于软件项目以外，还包括对测试人员的培养和对团队的整体赋能等。

应聘者：领教了，感谢面试官的指点。

这里，作者给出一般的测试工作的产出，如图 1-6 所示。

测试工作的产出在不同业务领域有所不同。图 1-6 以测试的输出为出发点，从全局角度给出测试工作的产出，读者可根据自己所在企业的实际情况进行补充或缩减。测试工作的产出与测试人员的成就感的关系，不同的人有不同的感受。接下来，作者谈一下测试人员的成就感。

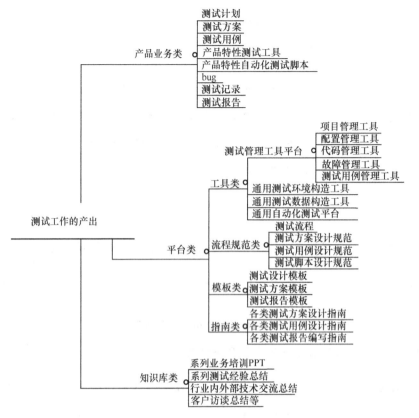

图 1-6　测试工作的产出

1.7　测试人员的成就感

在戴尔·卡耐基所著的《人性的弱点》中，成功包含下列两方面含义。

1）个人价值得到社会承认，并赋予个人相应的回报，如职位、金钱和尊重等。

2）自己承认自己的价值，从而充满自信，并获得幸福感和成就感[①]。

在软件测试工作中，测试人员的成就感是什么呢？作者通过下列 4 个案例给出相应的心理

---

① 成就感是一个人做完一件事情或正在做一件事情时，为自己所做的事情感到愉快或满足的感受，是愿望与现实达到平衡而产生的一种心理感受。

剖析，来介绍一下测试人员的成就感。

【案例1】

当发现一个 bug，尤其是这个 bug 对客户的使用有严重影响，并且开发人员难于解决时，我很开心，很有成就感。

心理剖析：开发人员生产代码并构建产品，但在生产代码的过程中，不可避免地会产生 bug。测试人员发现 bug，开发人员修复 bug，从而使产品质量得到提升。如果测试人员发现的 bug 对产品质量的提升贡献较大，那么自然会产生很强的满足感。开发人员是产品的直接贡献者，测试人员是产品的间接贡献者。

【案例2】

我开发的几个小工具可以实现测试过程中的数据自动生成和自动删除功能，还可以进行自动测试和夜间无人值守的压力测试。除自己使用这些小工具以外，我还将它们分享给其他同事。因此，我很开心。

心理剖析：应用编码技术开发测试小工具，不但提高了自己的测试工作效率，而且通过分享也提升了同事的工作效率。这是通过自身努力提升整体测试效率而获得的成就感。

【案例3】

由于我对产品业务很熟悉，因此，在软件开发的过程中，我提出的需求问题经常被采纳。特别是在一次需求测试①过程中，我发现某个产品组件的布局与竞品公司拥有的专利有冲突，于是及时阻止了原有需求的开发，规避了后面相关软件开发、测试工作推倒重来的风险，得到了产品经理的肯定。

心理剖析：需求是测试人员进行测试分析、测试设计的重要依据。前面的需求有误或遗漏会导致后续开发工作、测试工作增加或推倒重来。企业往往以结果为导向，因此不愿意看到此

---

① 需求测试：以用户为核心，针对需求，对背景、使用场景和风险等方面可能遇到的问题进行回答的过程。需求测试是我们在软件测试实践过程中摸索出来的一套测试左移的方法。

类事件发生。我在开发前期发现此类问题，使得项目及时止损，从而规避了风险，确保了产品的开发进度。产品经理的肯定和为产品做出的贡献使我获得成就感。

【案例 4】

我们团队收到客户的表扬信，一是肯定了我们在软件升级现场的服务态度非常好，业务能力强；二是认为我们的产品质量并不比国外产品差，性价比更高。

心理剖析："让客户满意"就是我们追求的目标，只有产品的成功，才能带来测试的真正成功。客户的肯定使我获得成就感。

1.8 测试人员的挫败感

前面谈了测试的成就感，接下来谈一下测试人员的挫败感。软件测试工作的性质决定了测试人员与 bug 有"不解之缘"。软件测试工作不仅包括拦截 bug，还包括在开发前期预防 bug，以及对产品在用户端使用时返回的日志进行分析，这些往往离不开 bug 定位工作。因此，无论是测试左移还是测试右移，我们在整个软件生命周期都要关注 bug 问题。

作者仍然通过案例给出相应的心理剖析的方式，来介绍一下测试人员的挫败感。

【案例 1】

测试是一种商业活动，我们不可能在有限的时间内穷尽所有测试路径，也不可能找到软件中的所有 bug。从理论上来说，出现漏测 bug[①]很正常，但有时我们会因此受到领导或同事的指责。

心理剖析：测试工作的目的是发布质量可靠的软件，特别是要确保用户常用的功能是可靠的。用户对核心场景的 bug 是零容忍的。在很多公司中，用户反馈的质量问题是考核测试人员

---

① 漏测 bug：一般是指本该在公司内部测试时发现的 bug，但实际上却被遗漏到用户端，由非测试人员在实际使用产品时发现。在不同公司中，漏测 bug 可能有不同含义，如一些公司在开展内部测试活动时，会进行交叉测试（两个测试人员交换测试对象）。交叉测试活动中发现的问题也称为漏测 bug，属于内部漏测 bug。

的重要指标。漏测严重的 bug 会给客户和公司带来损失。漏测 bug 给测试人员带来的挫败感可想而知。

【案例 2】

产品有"电话本最多可以保存 500 条记录，每条记录有 10 个字段"这个需求。为了对 500 条记录进行边界测试，我通过手工方式录入 100 条记录，感到效率低下。还有，产品上线后需要进行需求更改，由于担心对更改点的测试不全面和不充分，因此我将相关模块的上万条测试用例重新执行了一遍，由于是手工测试，因此我对这种测试策略感到无奈。

心理剖析：尽管测试人员需要不断地对软件的一个个版本进行迭代测试，但效率低下的手工方式不仅浪费时间，而且会使测试人员产生挫败感。

【案例 3】

本来今天计划发布产品的最新版本，不再扩充新需求，但项目经理应客户的要求，需要增加一个重要功能。需求的变化经常导致开发和测试工作重新进行，不仅影响交付时间，还人为地增加了开发人员和测试人员的工作量。

心理剖析：项目的需求缺乏管控机制，突发需求不断，而计划却没相应调整，最后出现工作量增加和影响交付等情况。这些突然增加的需求和工作量的增加会给测试人员带来极大的挫败感。

【案例 4】

项目经理说，产品在最近的使用过程中，每天会自动重启，这影响了用户的正常使用。项目经理要求研发人员在两天时间内把问题解决，否则用户要求更换产品或退货。

心理剖析：问题产生的原因往往还未分析清楚，我们就需要拿出"止血"（立即制止产品中的问题）方案并使之落地生效。此方案需要兼顾进度与质量，相关人员感到压力非常大，同时会产生挫败感。此外，我们还需要对产品暴露的问题进行复盘，这时也容易产生挫败感。

第 2 章　测试人员的商业意识

本章简介

对于软件研发，新技术不断涌现，我们追求新技术，并喜欢用新技术解决问题，但现实需求是什么样的呢？在产品的开发过程中，质量与进度犹如天平上的左物和右码，在制定测试策略时，我们如何权衡呢？对于测试的效益问题，我们可能并无过多思考，然而这是组织走向成熟过程中必须要面对的问题。

作者希望本章内容能够帮助读者树立"只有产品在商业上成功，才有测试成功"的理念，为发挥测试的价值作牵引。

2.1　洞察测试的市场需求

在 20 世纪 90 年代中后期，华为公司在其内部推行"从工程师到工程商人"的文化理念，这涉及研发人员在观念、思维、角色和行为等多方面的转变。在这种理念的指引下，研发工程师可形成对工作的 ROI 概念，进而在工作中主动考虑产品的投入成本，从而为产品的商业成功打下基础。

软件测试的产生得益于计算机信息产业的发展。软件测试是市场发展的社会性需求，随着软件在各个领域应用的不断深入，出现了自动化测试、性能测试和安全性测试等专项测试岗位。无论市场如何变化，信息产业、智能化产业如何创新，利润始终是企业的生存之本。企业在经营过程中追求利润的最大化，这是一个永恒的主题。因此，在实际的测试工作中，我们需要树立"只有产品在商业上成功，才有测试成功"的理念。

2.1.1 自动化测试工程师的故事

在 2016 年召开的一场技术交流会上，作者认识了一个名叫小安（化名）的自动化测试工程师。大学毕业后，小安到上海的一家软件公司从事软件测试工作，并在那里工作了 3 年。当时，QTP（Quick Test Professional）自动化测试工具流行，小安对这款自动化测试工具非常感兴趣，并看好它未来的发展前景，于是到培训机构专门学习 QTP。在学习了大约半年后，小安认为自己能够熟练使用 QTP 了。当时，小安老家的一家外企正好需要一名自动化测试工程师，提供的薪资也很有吸引力。于是，小安凭着娴熟的 QTP 应用技术，轻松获得这份工作。

然而，小安在老家的外企工作两年后，随着公司业务逐步稳定和组织管理的变化，全职的自动化测试岗位已不再需要。小安的工作被调整为大部分时间参与手工功能测试，但小安并不太喜欢纯手工的测试，因为他觉得自己学无所用。另外，他认为手工功能测试没有什么挑战性，继续做下去是在浪费时间。可是，小安老家提供专门的自动化测试工作岗位的公司很少，小安投了 2 个月的简历，如同石沉大海。于是，他告别家人，重返上海，接着又投了一两个月的简历，发现上海招聘独立自动化测试工程师的公司也不多。在他面试的几家公司中，岗位要求基本上是一小部分时间从事自动化或性能测试工作，很大一部分时间仍是进行黑盒功能测试。

于是，小安陷入了迷茫。

从小安的故事中，大家可以看到，大部分相关企业对专职的自动化测试工程师的需求可能与我们想象的并不一样。表 2-1 展示的是 51Testing 调查的 2010～2020 年自动化测试工程师职位占比情况。

表 2-1　自动化测试工程师职位占比情况（2010～2020 年）

年份	2010	2011	2012	2013	2014	2015	2016	2017	2018	2019	2020
职位比例	1.6%	2.0%	1.0%	1.0%	2.0%	2.0%	2.0%	2.3%	1.9%	2.0%	2.2%

注：本表数据来自 51Testing 软件测试网。

一个公司是否需要专职的自动化测试工程师，与所属行业和测试对象有关，一般互联网公司的需求会多一些。随着市场需求的变化，最近几年，"测试开发"岗位成为热门岗位。测试开发工程师主要做什么呢？不同公司有不同要求。一般而言，测试开发工程师主要进行测试工具开发和功能测试用例脚本化工作。

如果我们仅从测试用例执行的角度来看自动化测试，那么自动化测试可以代替人工来执行测试用例，从而节省测试人员的时间，给测试的效率提升带来贡献。可是，为什么设置全职自动化测试岗位的公司并不像我们想象的那么多呢？这是一个值得每位测试人员思考的问题。如果我们从公司管理者的角度思考，亦不难想明白，因为一直以来大部分自动化测试（功能测试用例脚本化）的投入产出比并不太乐观。倘若我们换一种思维，推行有针对性的测试自动化，那么往往能带来意想不到的收益。

测试人员的核心竞争力是什么？如何才能与时俱进，适应瞬息万变、竞争激烈的商业环境，并从中找到自己的职业定位呢？通过上面的介绍，相信读者已得到某些启发。

2.1.2　我们总在不断学习新的开发工具

正如 1.2 节中提到的，业界不少人对软件测试存在认识误区，认为一个测试人员如果不会写几行代码，不会用一些测试工具，则他的工作没有技术含量。如果读者有作为面试官的经历，那么会发现几乎每个人的简历上都会提到一种或多种编程语言或自动化测试工具。甚至，有些应聘者只是粗浅地学习了一些技术，如目前流行 Python 脚本语言和 Selenium 自动化测试框架等，就将它们随意写在简历上。

与此同时，很多培训机构针对各种自动化测试工具，如前几年流行的 QTP、LoadRunner、WinRunner 和 Robot，以及目前热门的 Selenium 等，推出相关培训课程。培训课程价格往往不菲，可是不少人只学会了一些简单的操作（如录制、回放），以及稍微复杂的技术（如脚本与数据分离技术）。对于复杂工具实现背后的原理，很多培训机构可能没有讲明白。作者曾经在面试中向一些面试者询问培训后的应用效果，特别是识别出工作中的问题并主动通过实践解决方面，以及曾经给工作单位带来哪些实质性的收益时，他们往往答不出来。这让作者想起大学时学习 C 语言的情景，有些人考试可以得到 90 分以上，但在用 C 语言实现一个可以运行的稳定的应用程序，特别是用户可用的产品化软件时，他们却不知如何进行代码的工程化转换。

《人件》《人月神话》是软件工程领域的两本经典著作，它们在序中不约而同地提到一个现象：**为什么中国的程序员总是在不断学习新的开发工具，钻研程序代码，而不能逐步地拓宽自己的视野、思维和积累经验。**虽然这个现象主要发生在面向软件开发的程序员当中，但是软件测试人员也属于软件研发体系，只是岗位或角色不同而已。

在产品研发中，测试与其他岗位在本质上是一样的，即无论采用什么测试策略、方法，只有在产品研发中解决问题，创造价值，才是重要的。不同岗位解决的问题不同，创造的价值不同，回报也就不同。当然，公司的业务范围不同，发展阶段不同，需求亦不同。在职场中，我们经常听到"老板思维"这个词。老板思维是指员工在工作中能够从领导的角度思考问题，从"资源效率"的视角来看一切经营活动，思考如何提高各种资源的利用效率来满足客户的需求，以最终达到利润的最大化。那么，在软件测试领域，读者认为会编程和会使用工具就能解决所有问题吗？

2.1.3 不重视测试可能只是一种感觉

bug 是测试人员的重要输出，有价值且给测试人员带来成就感，特别是一些会给客户利益带来损失的 bug。对于好不容易发现的 bug，测试人员心中自然期待 bug 被解决，从而对产品质量有实质性贡献。至于 bug 解决或不解决，决策权其实不在测试人员手里。当然，测试人员可以采取多种方式推动 bug 的解决，并跟踪 bug 的解决情况。

推动 bug 的解决，并跟踪 bug 的解决情况，可以说是对测试人员的重要要求，在很多公司的测试工程师岗位招聘信息中会明确提出对这项能力的要求。在作者与朋友 Sherry 谈及此事时，她描述了一个与 bug 解决相关的面试场景。

Sherry：你现在工作的公司在软件测试方面，有什么做得不太好的地方吗？

应聘者：有不少。

Sherry：可否具体说一下？

应聘者：我觉得我们公司不重视测试，因为公司没有规范的软件开发流程，如可以不解决测试人员提交的一堆 bug，甚至在不知会测试人员的情况下，开发人员就把版本发布了。

Sherry：你说的一堆 bug 都是什么类别的 bug？

应聘者：各种类别都有。

Sherry：有影响用户日常使用且属于高频操作路径的严重 bug 吗？

应聘者：有的。

Sherry：在你所说的一堆 bug 中，属于"严重"类别的 bug 的比例是多少？

应聘者：具体数字不记得了。

Sherry：对于非严重类 bug，如"一般"类别的 bug，相关人员是否对它会对用户的使用产生什么风险进行过判断？

应聘者：没有。

Sherry：你是否了解过开发人员为什么在不解决这些 bug 的情况下，就将版本发布了？

应聘者：不太清楚，他们一般也不会告诉我们。

……

从上面这段对话中，我们不难看出，应聘者对他所提交的一堆 bug 没有被解决，软件版本却已经发布这样的做法是有看法的，但对于 bug 不解决的原因完全不清楚。"一堆"是多少呢？应聘者的表达其实是含糊不清的。另外，应聘者认为他所在的公司不重视测试，原因有 3 点，第一，公司没有规范的软件开发流程；第二，明知有 bug 却不解决；第三，测试人员没有参与版本发布的决策。

点评

关于是否重视测试，并不是由某个人或某家公司决定的，本质上还是由市场需求，也就是业务需求决定的，如航空航天和医疗领域的软件系统庞大、复杂，软件质量的好坏直接影响人的生命安全，软件测试肩负着守护质量的重要使命，其重要性不言而喻。关于软件测试受不受重视的问题，网络上有很多讨论，而经过仔细分析后，读者可能会发现，其实这是自己的一种感觉，因为当读者掌握的信息不足时，难免产生片面看法或得出片面结论。

现在，作者向读者提出一个思考问题：如果承诺给客户的版本交付日期在即，研发团队内部已发现但未解决的 bug 还有 100 个，这些 bug 包含严重类别的 bug 和一般类别的 bug，假如你是决策者，那么你会如何决策呢？

2.1.4 并不是所有 bug 都需要解决

10 多年前，作者与一位来自香港的同事 Rick 合作开发一款数据传输软件，他负责开发，作者负责测试。由于他大部分时间工作在香港，为了把信息及时、有效地传递给他，在每天测试完成后，作者就把 bug 清单通过邮件发送给他，同时抄送给他的上司和我的上司，整个过程都比较顺利。对于即将发布的版本，虽然作者知道测试不可能发现软件的所有 bug，但总想在发布之前再找到几个 bug。果然，软件在安装时，如果遇到非法安装路径，那么安装程序会报错并异常退出（俗称"崩溃"）。作者将这个 bug 归为"致命"属性，与往日一样，将 bug 清单通过邮件发送给 Rick，并抄送给相关人员。彼时，大约是周五接近下班时间。

周六，因软件版本马上要发布上线，作者到公司加班。作者记得那一天很忙，电话不断，除与 Rick 就程序崩溃问题进行电话沟通以外，还多次接到 Rick 的上司询问进度和 bug 相关上下文情况的电话，足见他们对版本质量和交付进度的重视。最后，我们一致决定让 Rick 在周日解决此 bug，因为下周一是版本发布的最后期限了。

当作者周一早上上班时，发现邮箱中已有 Rick 发来的更改后的新版本。可能是 Rick 更改匆忙，老问题并未彻底解决，甚至还带出一个新 bug。自然，作者又与 Rick 进行了一番电话沟通。放下电话没多久，在炎炎夏日的午后，Rick 出现在作者旁边的座位上。Rick 说，他想过来亲自看一下作者测试时是如何操作的，并了解相关的测试环境，因为他在香港无论如何操作都没有重现此 bug。他当时满脸的疑惑和无奈，但又急于解决问题，犹如图 2-1 所示。于是，作者演示了如何通过测试发现这个"偏僻路径"上的 bug。

图 2-1　bug 没改好吗

随后，他不断与相关人员进行电话沟通。面对交付的 deadline（最终期限），我们又忙碌了一个下午。最后，经多方讨论决定，回退版本，暂时放弃一开始就不应该立即解决的那个"致命" bug。

后来，每当想起此事，那个曾经为一个所谓的"致命" bug 奔波于两地的背影，让作者深刻感受到每个 bug 的解决是要付出代价的，有些远不止付出人力成本和时间成本。因此，面对交付的期限要求，并不是每一个已发现的 bug 都需要马上解决，或者值得解决。

在参加软件测试工作的前几年，对于 bug 的解决与不解决这件事，作者与很多测试人员一样，希望自己提交的每一个 bug，开发人员都要解决，如果他们不解决，那么作者便追着他们修改。这样做的结果是 bug 基本都修改了，效率似乎很高，效果看上去也不错。但经历了上述与 Rick 合作的事情后，作者彻底改变了想法，也深刻地理解了"只有商业的成功，才有测试的成功"这句话。

2.2　客户想要的产品质量

在产品研发过程中，质量与进度就像天平的两端，至于如何权衡，是项目经理经常面对的挑战。同理，对于软件测试，测试人员需要经常在质量与进度之间进行权衡。特别是当提交测试的软件版本出现开发延期，最终交付给客户的日期却不变，留给测试人员的时间被压缩时，测试人员应该如何对质量与进度进行利益最大化的权衡呢？这个问题值得所有测试人员思考。软件测试人员充当软件质量"守门员"角色，不少人会以为发现越多的 bug 对项目的贡献越大，然而，实际情况又是怎样的呢？作者希望通过下文提到的"对话质量贡献奖"故事，给读者带来启发。

2.2.1 平衡点定位错误

大多数软件测试人员对市场上的产品的激烈竞争，甚至是惨烈的"红海之争"，可能并不太关心。在遇到产品功能一个都不能少，交付日期一天也不能延误，而开发版本却迟迟不能发布，测试时间被压缩时，很多测试人员非常着急，并且对项目经理的严苛要求非常不理解，甚至抱怨不断。但是，如果他们有机会多听几次产品经理关于市场的演讲，那么，便会对这种由市场角逐带来的严格交付，甚至提前交付的行为，有所体会，继而缓解对项目经理的不满情绪，然后转为理解，最后积极寻找合适的解决方案并予以配合。

在项目开发过程中，我们经常尝试寻找质量和进度的平衡点，但由于企业的性质决定着研发的所有活动本质上都属于商业活动，因此质量与进度尽可能平衡的背后是商业利益的最大化。利益最大化的平衡点往往对产品在市场上的未来表现起到决定性作用。下面是 Sherry 讲述的一个因平衡点定位错误而导致惨败的案例。

虽然 Sherry 所在公司的体外诊断仪器在国外有很强的竞争力，但在中国市场上的性价比并不占优势。公司为了填补这个产品在国内市场的空白，各专业方向开足马力，目标是一年内必须上市该产品，于是，Sherry 成为体外诊断仪器项目的测试负责人。

在体外诊断仪器上市前一个月的冲刺阶段，仪器虽能正常工作，但因未解决的严重问题比较多，所以暂未达到稳定、可靠、持续运行的标准。无论哪个专业方向的人员，都很清楚这一点。

在软件版本发布的前一周，Sherry 的经理经常问她：今天的版本质量怎么样？你解决了哪些问题？

Sherry 回答：对于仪器的基本功能，用户（这里指未来使用仪器的用户）还是可以正常使用的，但我还想再花一些时间验证，总觉得还有问题未被发现。

Sherry 这样回答是有原因的，因为她永远难以忘记那个出现多次且严重的故障场景。当软件在运行时，仪器突然黑屏（软件"崩溃"），仪器组件运动失控后把装有血样的玻璃试管扎破，液体四溅。这虽然属于概率性问题，但会给仪器操作人员带来安全风险。因此，在经理每次问到质量情况时，Sherry 的回答总是小心翼翼。

在软件版本发布的倒数第二天，经理照例来到 Sherry 身边，并询问今天是否出现质量问题。Sherry 同时看到公司的一位高层领导开始在研发办公区进行"走动管理"了，马上意识到版本发布的迫切程度，便忍不住说出了内心的想法：明天真的要正式发布版本吗？

经理说：现在还没有最后确定，你把已知的问题汇总一下，相关人员讨论后再决定。

Sherry 说：如果时间紧，那么，是否可以先发布目前这个版本，待几个严重问题解决后，再升级版本？

经理说：市场部门已收到医院方面的定金，延期的可能性不大。

Sherry 心想，自己作为测试负责人，明知版本不能发布，但现在产品以市场为导向，是否发布由公司高层决定，自己除如实汇总并上报一些数据以外，还能做什么呢？

随后，Sherry 做出自己的决定，即无论软件版本是否发布，她都继续测试，将概率性 bug 重现，尽快让开发人员解决，另外，万一未来发生市场变化，版本还可以马上进行升级。果然，Sherry 在第二天等来的是产品已装机，并即将交付医院使用的消息。作为测试负责人的 Sherry 尽管很无奈，但也只好把目前的版本发布出去。

市场是产品的试金石，在体外诊断仪器上市不足 3 个月时，Sherry 所在的公司就开始陆续收到客户的不良反馈，有些客户还声称要退货。客户反馈的问题很多，包括软件方向、硬件方向和机械方向等。出现如此多的质量问题，给公司的口碑造成了很大的负面影响。在产品上市半年的时候，公司只好停止体外诊断仪器项目。Sherry 后来才知道，以公司在国际上的知名度，定点投放仪器的医院都是国内三甲医院，产品匆忙上市，不但没有一炮而红，反而因为体外诊断仪器项目的失败，损害了公司的品牌形象。

这是一个典型的由于"重进度、轻质量"而导致的惨败案例。Sherry 所在的公司在质量和进度方面是失衡的，如图 2-2 所示。

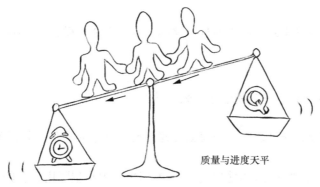

质量与进度天平

图 2-2 重进度、轻质量

在 Sherry 讲述完这则故事后，我们一直在探讨。从表面上来看，公司高层在骑虎难下的被动局面下仓促上线产品，从而导致惨败的结局。但经过事后复盘分析，软件黑屏的严重风险 bug 已出现过多次，尽管测试人员未找到必然的重现路径，但如果研发团队内部当时能够组织团队相关人员复盘，通过"头脑风暴"方式找到解决办法，如增加日志跟踪、编译带故障注入的版本，以及由专门的开发工程师和测试工程师处理等，那么，在多种办法和工具的作用下，提高 bug 出现的命中概率是完全有希望的。

点评

为了让产品尽快投放市场，有些企业可能选择暂时"牺牲"产品质量的策略，这种现象在业界似乎经常出现，但是这种做法是否能够满足企业的利益最大化？从上述案例中，我们可以看到，这种策略用在一些对质量要求严格的产品中是不合适的。

2.2.2 对话质量贡献奖

对于软件测试的价值问题，Sherry、Carl 和作者经常通过线上或线下方式进行讨论。在一次讨论中，Sherry 讲述了她曾经获得公司明星产品质量贡献奖的故事。

Sherry：我有一个印有"质量贡献奖"的奖杯，尽管它有些沉，但每次搬家我都舍不得丢弃它。

Carl：这个奖杯代表着你的一段辉煌经历呀。

Sherry：是的，每当看到书柜上的这个奖杯，我都十分欣慰，并能得到激励，它也促使我不断思考。

作者：可以和我们分享一下关于它的故事吗？

Sherry：当然可以，而且我还有一些最近思考的问题想和你们一起探讨呢。

在 Sherry 大学毕业的时候，她加入了一家专门生产中小型医用设备的 Y 公司。AA-100 是该公司在 2000 年年初研发的一个产品，她是该产品测试方向的负责人。AA-100 是一款小型血细胞检测仪，销售目标是县级医疗机构、乡镇卫生站和社区健康服务中心。在产品上市一年后，据项目经理反馈，该产品销量很高，并被公司授予"明星产品"。随后，项目经理在项目组内部召开了一次项目总结暨表彰会议，Sherry 获得了质量贡献奖。

Carl：对于软件测试人员，明星产品的质量贡献奖是难得的荣誉。

Sherry：产品得到市场认可，作为负责产品测试工作的我们，心里也非常高兴，至于得到什么奖项，我确实没有想太多。

作者：你的心态很棒！在捧回奖杯后，你认为哪方面的突出表现让你获得这份荣誉？

Sherry：说实话，在项目开发过程中，我真的没有细想。但我清楚一点，除带领团队完成软件测试方面的事情以外，在当时各专业方向产品组件的版本管理混乱的情况下，我主动协助项目经理实现版本管理的统一，并帮助项目组搭建了配置管理平台，使产品各组件的版本得到有效管理，并最终获得了各专业方向同事的认可。

作者：这个确实值得我们学习！

Carl：你没有拘泥于软件测试工作，善于发现产品中的痛点并主动想办法解决，质量贡献奖实至名归。

Sherry：AA-100 项目团队成员有 100 多人，获得质量贡献奖的只有两人，除我以外，另一位获奖者是机械专业方向的同事。这位同事在产品设计方面有所突破，从而为项目减少了 500 多万元的成本。相比他做的事情，我认为自己做的事情微不足道，甚至觉得自己不应该获得这个奖项。于是，我在思考"测试人员如何获得成就感和体现个人价值"这个问题。

Carl：你除主动解决项目研发过程中的版本管理混乱问题以外，是否还为项目解决了其他重要的痛点问题，且带来了明显的收益？

作者：对于此项目痛点问题的解决，你虽然只是贡献了你已有的某些方面的经验，但却给项目带来了很好的收益。

Sherry：你们这么一说，倒是提醒了我。在 AA-100 还处于研发阶段时，我除负责 AA-100 项目的验证工作以外，还负责另一款产品的在线维护工作。在一个寒冷的冬天，我收到一封客户支持工程师发来的电子邮件，邮件中提到哈尔滨某县级卫生院的李医生抱怨我们的产品软件版本升级后，某项设置功能失效了。我看完这封邮件后的第一反应是，这是不可能的，因为这些功能都是测试通过的。同时，我也非常好奇，因为想弄清楚原因。于是，我向客户支持工程师要了李医生的联系方式。经过电话交流，我得知李医生是一位退休返聘的 60 多岁的老医生。他的视力不太好，总是觉得屏幕上的字太小。在产品进行软件升级后，增加了新功能，修改了 UI 布局，他原来常用的设置项被移到了屏幕的右下角。而李医生在实验室检测样本时，因为视力不太好，所以没有看清楚界面的变化（见图 2-3）。

图 2-3　戴着老花镜工作的李医生

Carl：后来呢？

Sherry:经过电话交流，李医生知道问题出在哪里了，也知道如何使用新界面了。从表面上来看，问题解决了，可以到此为止了，但我们公司秉承的价值观是"以客户为中心"，我们需要从根本上为类似李医生这样的客户解决问题。于是，我向项目经理汇报了此事，并提出了我的一些建议。

Carl：再后来呢？

Sherry：后来，在项目经理的支持下，我邀请了团队相关人员一起讨论，并提出了在软件 UI 中实现大字体的构思，没想到，大家一拍即合。就公司当时研发的新产品 AA-100 的定位，大家一致认为此需求适合这个时候落地。最后，我们在 AA-100 第一次对外发布时完成了此需求的交付。

作者：对于产品目标用户群，这是一个亮点。你在对产品的客户需求精准定位上做出了突出贡献，超出测试本职工作范畴，积极主动的行动助力项目成功，我想这是项目经理给你颁发质量贡献奖的最重要的原因。

Carl：就凭借这一亮点，从产品的整个生命周期的运营来看，它获得的市场影响力方面的价值并不一定比 500 万元低，它是一个定性非定量的价值点。

Sherry：明白了，软件易用性方面的设计解决了客户使用上的痛点问题，创造了价值。

作者：是的，软件质量的高低由客户说了算。解决了客户使用上的痛点问题，就是软件质量高的一种体现。

点评

在研发过程中拦截更多的 bug 是软件测试人员的本职工作。我们通常认为，发现越多的 bug，对产品的质量贡献越大，然而，通过上述对话，我们应该有所启发，不要局限于拦截更多的 bug，需要站在客户的角度发现产品存在的问题，并主动思考解决方案，推动解决，真正给客户带来业务价值，让客户满意。说到底，软件的质量由客户说了算，能解决用户业务痛点问题的软件才称得上质量好的软件。

2.3 测试效益方面的问题

下面我们先给出公司老板与测试经理的一段对话。

老板：公司打算研发一款新产品，软件的业务与复杂度与已上市的 X 产品类似，你觉得软件测试方面需要投入多少人月的资源呢？

测试经理：由于是全新产品，因此，我估计它与 X 产品项目的投入差不多，甚至更多。

老板：去年，X 产品项目共用了 120 人月，今年，为什么类似复杂度的项目还需要 120 人月，甚至更多呢？

测试经理一时语塞，不知如何回答。

在 2.2.1 小节中，我们提到，所有研发活动本质上是一种商业活动，软件测试也不例外。测试效益是指测试活动的投入能给产品的研发带来的效果与利益。接下来，我们探讨一下如何合理地控制项目中软件测试的投入成本。

2.3.1 测试方案设计与测试用例执行分离

控费降本（控制费用、降低成本）是降低公司经营成本的有效策略。公司各职能部门需要进行控费降本，如在测试任务增加但人力预算不增加的情况下，应用现有资源完成项目的测试任务。

如果项目涉及硬件、机械等专业方向，那么，在使用的元器件方面，可能存在控费降本的空间。而对于软件专业方向，除人力、办公成本，以及必要的第三方软件的版权费用以外，似乎不需要其他费用，因此，很多软件研发人员认为控费降本与自己的关系不大。事实上，并不是这样的。对于软件测试，控费降本包含哪些方面？测试人员需要做些什么呢？接下来，作者以对话的方式与读者分享 Sherry 在软件测试控费降本方面的实践经验。

Sherry：控费降本在软件测试中的体现不像硬件、机械专业方向明显。软件测试的主要成本是人力资源成本，于是我们主要考虑减少对人的依赖。我们从两个方向进行考虑，一是测试工作的自动化；二是测试工作的规范化、流程化，以统一测试工作的输入、输出，以及相关活动。这里，我说一下基于后者的一次失败经历。

作者点点头，示意她继续。

Sherry：我们本来希望通过测试活动的分离充分发挥团队成员的长处，让团队形成合力，不曾想弄巧成拙。

作者：可以具体说一下吗？

Sherry：当然可以。我当时带领的测试团队有 5 人，其中有两名老员工（包括我）和 3 名新员工，我们需要同时进行 3 个项目的测试工作。我同时负责两个项目的测试工作，一名老员工和一名新员工搭档负责第 3 个项目的测试工作。当时，我同时负责两个项目的测试工作，有时忙不过来，于是考虑授权，即让新员工承担我的部分测试工作。首先，我从测试活动的流程入手（图 2-4 所示的是 Sherry 所在的测试团队领到一个任务点后经历的整个测试过程）。

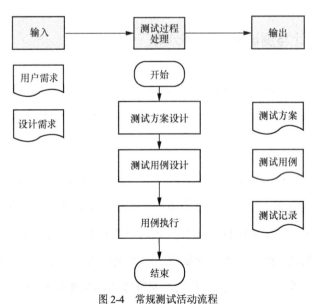

图 2-4　常规测试活动流程

Sherry：由于当时的项目任务点复杂，新员工不合适领取，因此，除指导新员工以外，我还需要领取所有任务点。如何合理地安排工作，充分发挥新员工的能力，是我必须面对的问题。由于常规测试活动流程（见图2-4）是流程裁剪后的测试过程活动，已是精简版本，因此我们需要考虑哪些工作可以拆分并由不同能力水平的人分担。我们知道，测试分析与设计是有难度的，于是我考虑自己进行测试方案设计，并输出测试方案，然后，在测试用例框架形成后，将测试用例框架转给新员工并由他细化成测试用例，最后由新员工执行测试。这样，我就可以同时负责两个项目的测试工作（这种工作模式如图2-5所示）。

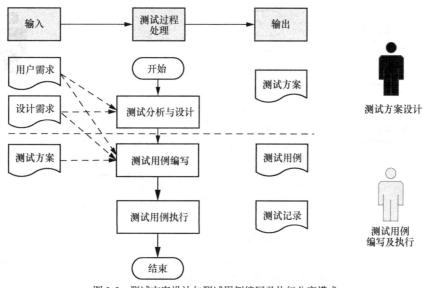

图 2-5　测试方案设计与测试用例编写及执行分离模式

作者：听起来如同开发人员将一个模块的设计与编码分开，按构建软件的不同阶段进行划分，这是合理的，也是一种创新。

Sherry：当时，我也是这样想的，但事情的进展并非想象中那么顺利。当上面提到的新员工拿到我的测试方案后，他认为他仍然需要首先重新理解用户需求、设计需求，然后才能理解测试方案，进而理解测试用例框架，最后才能设计具体的测试用例。也就是说，他需要花费的时间并不比他自己设计测试方案少。后来，通过总结，我们发现，这位新员工将大部分时间花在理解我设计的测试方案和与我的沟通上。例如，他会不断向我询问，不断打乱我的工作节奏。

作者：的确是这样的。这说明了有些流程看上去是完善的，但难以落地。

Sherry: 后来, 我们首先进行了复盘, 然后修改了测试活动流程, 使它容易落地(见图 2-6)。我们把测试分析与设计工作分配给一个人, 由他独立完成; 把测试用例执行工作分配给另一个人, 他只需要按照测试用例的描述执行, 如实记录结果。这样, 我们就提升了测试执行的效率, 减少了无谓沟通的次数。

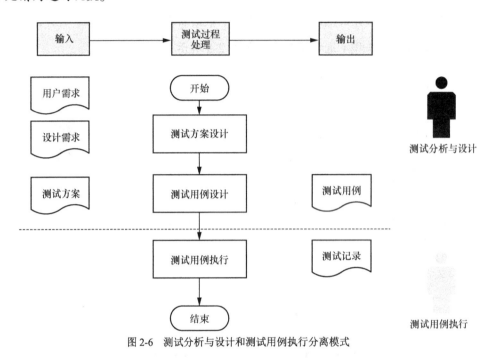

图 2-6　测试分析与设计和测试用例执行分离模式

作者: 很好的实践方法! 对于测试用例的执行, 你是如何安排人员的呢?

Sherry: 好问题! 在这种模式下, 为了降低人力成本和提高测试效率, 我一般安排新员工或职位级别低的测试人员承担测试执行工作, 或者把测试任务外包。

作者: 这是一种比较好的控费降本策略! 你是否考虑过在测试用例执行时使用自动化测试方式呢?

Sherry: 这也是一个好问题! 关于这一点, 我们也考虑过, 但出于产品业务的限制, 以及控制技术投入与产出比等原因, 现在只开展了局部的自动化测试。

作者:你们这种以针对不同测试人员切分测试流程的工作模式不但发挥了团队成员各自的优势, 而且使团队形成合力, 最终提升了测试效率, 很有借鉴意义。

2.3.2　测试环境的真实与虚拟之间

假设有一条称为"测试环境"的"大街"，这条"大街"上的"商铺""销售"各种配置好的半成品或成品测试环境组件，包括硬件、软件，以及它们的组合，如多语言 Windows 系列测试组件、Linux 系列测试组件、手机仿真软件、实验室器材和仪器仪表仿真软件；还"销售"测试环境配置线下培训课程，如表 2-2 所示。

表 2-2　"测试环境大街"上的"商铺"

"商铺"编号	"商铺"名称	主营业务
T1001	多语言 Windows 系列测试组件	操作系统：Windows 10 系列、Windows 8 系列和 Windows 7 系列；语言：中文、英语、法语、德语和俄语等
T1002	Linux 系列测试组件	操作系统：Ubuntu 系列、Fedora 系列和 CentOS 系列
T1003	手机仿真软件	Android 系列、iOS 系列
T1004	实验室器材	示波器、万用表和信号发生器等
T1005	仪器仪表仿真软件	仪器仪表等设备类仿真软件
T1006	测试环境配置线下培训课程	不同软件环境、硬件环境和自然环境等约束下的测试环境配置线下培训课程

毫不夸张地说，测试工程师日常面临的就是这种复杂多变的测试环境。测试环境的不同配置直接影响测试的结果，其重要性不言而喻。有人可能会问，为什么测试环境需要不同的配置？主要原因是，我们在研发内部构造尽可能多的用户场景，以期提前发现客户在使用时可能遇到的问题。例如，如果我们想要测试手机在高寒或高温地区的运行情况，那么，如何构建测试运行环境呢？我们可以搭建高寒或高温实验室等。对于手机产品的测试，除搭建高寒或高温实验室的成本以外，测试人员使用的多部测试用的手机也会产生开销，而如果这项投入过大，那么我们可以在降低这部分投入的基础上，寻找一个可行的补充方案，如使用仿真软件（又称示例软件），即通过仿真技术用软件构建真实物理机的运行环境。

多年前，作者服务于一家研发"掌上电脑"产品的公司。上班第一天，主管安排给我的测试任务便是在 PC（个人计算机）上运行此"掌上电脑"产品的仿真软件，如图 2-7所示。

Demo

图 2-7　"掌上电脑"产品的仿真软件

仿真软件中有多种 App，它们都自带软键盘。在纯软件的功能展示、UI 显示方面，示例软件上的测试与真机上的测试基本没有区别。但是，对于一些与硬件关联的功能，如手写输入、电池电量显示和开关机等功能，仿真软件上的测试与真机上的测试还是有区别的。不同产品的特性和功能不同，我们需要分析和判断哪些测试可以在仿真软件上进行。

大多数测试人员都清楚，测试环境的配置是一个重要且棘手的问题。虽然在公司内部配置的测试环境与客户使用的真实环境有区别，但测试过程中，测试人员还是采取配置的方法在虚拟环境下测试软件。这是为什么呢？作者认为，主要原因有以下 3 点。

1）缩短项目开发周期：在真机没有生产出来之前，若软件功能已经开发出来，那么我们可以先采用仿真软件测试基本功能。

2）节省购买真机的成本：我们将能在仿真软件上进行测试的功能尽量在仿真软件上进行测试，这样就可以少使用真机，从而降低研发成本。对于类似手机的电子产品，多一台或少一台带来的成本差异较小，但对于一些大型设备，如大型医疗设备、航空航天产品等，每一台测试用的真机的成本都很高。

3）自定义测试：我们可以根据测试人员的工作需要，通过修改配置文件、裁剪软件的功能模块和部署无人值守的软件自动化测试等方式提高测试执行的效率。

在真实测试环境与虚拟测试环境之间，我们需要对不同的测试对象与测试范围进行分析和判断，进而选择适当的测试环境，切不可因为缺少真实的测试环境而放弃相关测试。关于软件在仿真软件上测试与在真机环境中测试的区别，Sherry 和作者分享了一个真实案例。

Sherry：我们公司有一个工作时需要通过传感器进行光信号采集的血细胞检测仪，正常情况下，该仪器在某种条件下工作时会发射一束光，触发传感器，以便传送光信号并将它转化为电信号。某天，一位机械设计工程师因为需要研究该血细胞检测仪的外壳，所以把它的面壳拆了，并把剩下的部分移到一个靠窗的位置。在随后的连续几天的下午 14 点多，拆掉外壳后的血细胞检测仪必报"温度异常"故障，且故障消除不了。我是这款产品的测试负责人，听到消息后感到非常诧异。经过一番测试，我发现该故障确实消除不了，于是找来了对应的设计人员，但设计人员也一时无法消除该故障。于是，又经过一番研究，设计人员终于发现阳光会在下午 14 点多的时候照射在靠窗的位置，即照射在血细胞检测仪上，当光照达到一定强度时，异常触发了传感器，于是血细胞检测仪报警。也就是说，当客户在上述同样的工作环境下使用血细胞检测仪时，血细胞检测仪也将触发此失效模式，不能正常工作。这种与环境相关的失效模式只有在真实环境下才能触发，我们将它称为"午后阳光故障"。

通过上面这个真实案例，我们可以看出，有些在真实环境中出现的产品设计缺陷在仿真软件中可能永远不会被发现。

点评

在产品研发中，软件仿真技术的应用广泛。在软件测试工作中，仿真软件不但可以帮助我们搭建虚拟的测试环境，而且给我们的测试工作带了很多便利，降低了研发成本，提高了测试效率。但是，我们应该针对不同的测试对象，选择使用真实测试环境或虚拟测试环境，将虚拟测试环境作为真实测试环境的有效补充。另外，虚拟测试环境和真实测试环境还是有区别的，随着测试经验的不断积累，对于一些特殊使用条件（如上面提到的光照），我们可以在虚拟测试环境进行测试的基础之上，再次进行真实环境的测试。

第3章 测试流程设计

本章简介

华为总裁任正非在《华为的冬天》一文中提到："一个新员工，看懂模板，会按模板来做，就已经（做到）标准化、职业化了。你3个月就掌握的东西，是前人摸索几年、几十年才形成的，你不必再去摸索。"这番话道出了流程管理和标准化管理的好处，也是那些重视流程管理的公司走向卓越的原因。

本章介绍与软件测试密切相关的内部流程、版本发布流程的优化和 bug 处理流程的优化。

3.1 挖掘内部流程

只要读者稍加留意，就会发现，每当我们谈起流程，经常听到这样的声音："我们公司的软件团队总共才有3个人，其中两个人进行开发，另一个人进行测试，没有什么流程可谈，也没有这个必要。"而作者认为，再小的团队，只要有信息，就存在流程。团队虽小，但团队成员的办公位相邻，因此，成员之间可以面对面交流，实际上，团队成员在不知不觉中执行了流程。

3.1.1 简单且实用的开发流程

在作者作为面试官与面试者交流的过程中，不少应聘者提到"开发流程不规范"这个问题，换句话说，他们认为他们曾经就职公司的开发流程不规范。

对于软件的开发流程与再细分的测试流程，Sherry、Carl 和作者曾经进行过多次交流与讨论。下面是我们关于软件开发内部相关流程讨论的对话。

Sherry：说来惭愧，对于软件的开发流程，我觉得自己比较迟钝，属于后知后觉。

Carl：此话怎讲？

Sherry：工作的前几年，我就职于一家研发数码相机的私营企业。这家企业共有 13 个人，其中 7 个人进行开发，4 个人进行测试。由于公司在初创期，因此没有严格的开发流程，老板负责所有的工作安排和决策。我们公司拥有软件研发中的需求人员、开发人员和测试人员 3 种角色。软件需求基本是老板的简单描述，偶尔还会搭配几张展示软件界面的图片。也就是说，我们公司在软件需求的定义和需求的过程管理方面都是不规范的。

作者：老板和你们的交流多吗？他参与产品的研发吗？

Sherry：由于我们公司的人较少，因此他和我们的交流还是比较频繁的。他除负责产品的需求描述以外，还经常参加开发的设计和指导我们的测试工作。

Carl：你们的一个新产品从立项到上市，大致的开发流程是什么？

Sherry：如果回到刚参加工作的那个时候，那么，我会因为对这方面的思考太少，而不知道如何回答你这个问题。如今，我已经在软件研发这条路上摸爬滚打十几年，可以回答这个问题。如果采用建模的方法表达，那么，我们当时使用的开发流程（见图 3-1）是一个传统的串行软件开发流程。

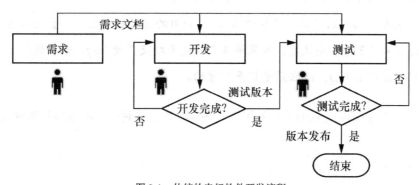

图 3-1　传统的串行软件开发流程

　　Sherry：一旦有新项目，老板通常会有简单的软件功能与主要界面方面的介绍，它们就是项目的需求。然后，老板会召集骨干开发人员对需求进行研究，如在白板上画出开发流程图并进行讨论。接下来，开发人员开始编码实现功能。正常情况下，一些测试人员应该在此时加入新项目并做相关测试准备，但实际情况往往是，测试人员此时还在忙于上一个项目的收尾测试。经过一段时间，在上一个项目的版本发布后，测试人员才正式介入新项目的测试工作。而此时开发人员已经实现了一部分功能，测试人员就需要追赶开发人员的进度。也就是说，在整个项目开发过程中，测试人员可能一直在追赶进度。

　　作者：这种作坊式的开发流程，人少且沟通效率高，存在即合理。

　　作者：Sherry、Carl，作为"守护软件质量"的软件测试人员，你们如何控制发布版本的质量？

　　接下来，根据 Sherry 和 Carl 分别讲述的在工程实践中遇到的质量相关案例，我们看一下他们是如何控制发布版本的质量的。

3.1.2　轮转式交叉测试

　　在 3.1.1 小节的末尾，作者向 Sherry 和 Carl 提出了"如何控制发布版本的质量"问题，下面是 Sherry 关于这个问题的回答，她给出了自己的经验。

　　Sherry：在测试后期，我们主要通过"交叉测试"[①]相互补充测试思路，从而提升各模块及整个软件系统的质量。也就是说，开发人员提交的每个模块基本上都要经过 4 名测试人员的验证（参与交叉测试的人的能力水平接近）。我们公司的老板有自己的一套判断规则，即一个功能点在经过 3 人（3 轮）测试后，如果第 4 个人没有提交严重 bug，如在连续测试 3 天后，才提交一个轻微级别的 bug，那么质量就是可靠的。

　　作者介绍一下 Sherry 提到的一些知识点。图 3-2 是交叉测试前的模块与测试人员关系图。

---

① 交叉测试：测试人员之间通过交换测试模块，从而相互补充测试思路的一种测试手段。交叉测试在应用中可根据团队、项目的特点采取不同的模式，详细内容可参考本书作者所著的《软件测试之魂：核心测试设计精解（第 2 版）》。

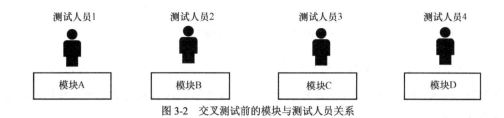

图 3-2 交叉测试前的模块与测试人员关系

交叉测试的周期视模块功能点的数量和复杂度而有所不同，一般为 1～2 周。模块的属主在交叉测试转盘中不断变化，如图 3-3 所示。

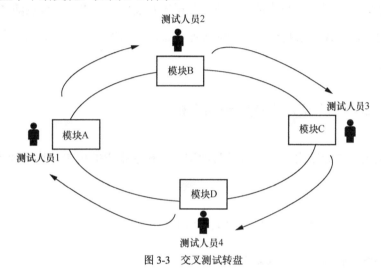

图 3-3 交叉测试转盘

通过如表 3-1 所示的 4 轮测试后，每个模块都会经过 4 个人的测试，基本可以达到预期质量目标。

表 3-1 交叉测试记录表

轮次	测试人员 1 负责的模块	测试人员 2 负责的模块	测试人员 3 负责的模块	测试人员 4 负责的模块
第 0 轮（交叉测试前）	模块 A	模块 B	模块 C	模块 D
第 1 轮	模块 B	模块 C	模块 D	模块 A
第 2 轮	模块 C	模块 D	模块 A	模块 B
第 3 轮	模块 D	模块 A	模块 B	模块 C

Sherry 接着说：这种在模块间使用的轮转式交叉测试是我们控制发布版本质量的有力"武器"，这种做法是我们的最佳实践。后来，在其他公司任职时，我一直提倡在测试中使用这种轮转式的交叉测试，效果不错。

下面是 Carl 关于"如何控制发布版本的质量"问题的回答。

Carl：在测试过程中，我们也会不定期地进行交叉测试。其实，在使用交叉测试之初，我并不太理解。后来，我发现，交叉测试可以充分发挥每个测试人员的能力，相互补充测试思路，是一种有效避免思维定势的手段。

一些人认为自己的公司没有开发流程，实际上，不是没有流程，而是在团队成员的沟通过程中悄无声息地完成了开发的整个流程。随着公司的发展壮大，团队规模也随之扩大，尤其在涉及多个团队协作时，我们想要有条不紊地传递和管理团队的工作进展、项目交付等信息，就需要显式的流程。

3.1.3　bug 总是在发布版本上被发现的真相

在产品开发过程中经常出现开发人员与测试人员相互指责的现象，作者和 Carl 就此现象进行过讨论。

首先，Carl 给出了一段开发人员和测试人员的对话。

经理：软件版本什么时间可以发布？

开发人员：最后版本已准备发布，不过还要看测试人员什么时候能够完成回归测试。

测试人员：刚提交了一个 bug，还要看开发人员什么时候可以修改完成。

开发人员：什么 bug？不会又是历史遗留 bug 吧？

测试人员：新增代码引发的历史遗留 bug。对于新增代码，你们不是都评审通过了吗？

开发人员：不可能，因为我们认真评审过新增的每行代码，而且评审时考虑了新增代码可能带来的影响。为什么你们总是在每次版本发布的最后时间点提交一堆 bug，这样，项目不延期才怪！

……

读者是不是很熟悉这样的对话场景，因为这样的对话经常出现在我们的开发过程中。

作者：是啊，多么熟悉的对话！就项目而言，开发和测试仅是分工不同。在产品研发流程中，虽然开发在测试的前面，但是二者相辅相成，最终的目标是一致的，即确保按时交付高质量产品。

Carl：开发人员提到的"测试人员总是在每次版本发布的最后时间点提交一堆 bug"确实是一个常见现象，而这些 bug 中有一些是必须要修改的严重 bug，这增加了项目延期的风险。那么，到底哪里出了问题？

作者：测试人员在发布前的最后版本上发现的 bug 是本轮更改带来的新 bug，还是历史遗留 bug？

Carl：两种 bug 都有。

作者：对于发布前的最后版本上的变更，你们有变更控制机制吗？

Carl：有的。对于代码"冻结"后的每个 bug 的更改，我们都会进行代码评审，只是有些 bug 出现的场景很难通过代码评审发现，这正是体现系统测试价值的时候。

作者：是的。测试人员发现的 bug 并不一定全部都要被修改，还需要项目的风险评估团队进行风险评估。

Carl：是的。不更改的 bug 是否会给用户带来风险，项目的风险评估团队已评估过了。不过，让人难以理解的是，我们总会在回归测试后提交一堆历史遗留 bug，有些 bug 比较严重，必须及时得到修改，这已经成为普遍现象。

作者：你们的测试团队有多少人？如何分工？测试流程是什么样的？

Carl：我们测试团队有近 30 人，主要以业务的技术方向为维度进行组织。同一个技术组的成员虽然分别服务于不同项目，但测试的业务模块是同类的，这样不但易于技术的沉淀，而且各项目的同类模块由同一批人测试。我们的测试流程比较规范，一般包含测试方案设计、测试方案评审、测试用例设计、测试用例评审、测试用例执行和回归测试。

作者：根据你的判断，问题可能出现在哪个环节？

Carl：我们测试团队中的新员工较多，比例大于 60%，大部分历史 bug 都是新员工负责测试的模块中遗留下来的。

作者：既然发现了问题所在，那么你们后来采取的应对措施是什么？

Carl：首先，我们对新员工进行了一系列业务和技术培训，但从结果来看，收效甚微。

作者：在一个项目中，你们安排多少有经验的老员工？他们主要进行哪些方面的工作？

Carl：在一个项目中，我们一般安排 3～10 名测试工程师，其中有经验的老员工约占 1/3，他们主要负责复杂或重要的业务模块的测试工作。

作者：在同一个项目中，或者跨项目时，你们是否进行过新老员工在模块间的交叉测试？

Carl：进行过，但我们对于交叉测试没有正式的定义和要求。

作者：尽早发现 bug 的方法有很多。根据你的说法，我建议你们从流程入手，将交叉测试纳入正式的测试流程（见图 3-4）中，并在项目启动回归测试前确保交叉测试已完成。一般来说，大部分历史遗留 bug 可以在交叉测试阶段被"消灭"。

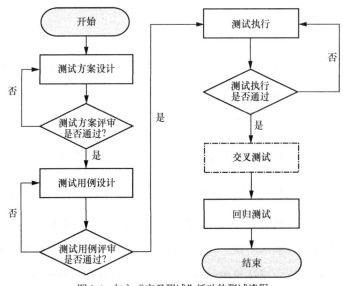

图 3-4　加入"交叉测试"活动的测试流程

半年后，Carl 给作者打电话并高兴地说，自从他们引入了交叉测试，版本质量得到了很大提升。Carl 还说，他们借助老员工的经验，以及不同人在知识、思维方面的差异，通过交叉测试，不但有效规避了漏测问题，而且及时拦截了新员工负责测试的模块中遗留的大部分 bug；在最后版本上进行回归测试时，虽然他们仍发现了个别 bug，但这些 bug 在可控范围内，不影响版本发布。

3.1.4 发现并利用测试空窗期

正如第 1 章提到的，软件开发工作犹如"盖房子"，编写代码构建软件，而软件测试就像"验收房子"，利用多种工具和方法发现 bug 和推动 bug 的修改，从而保证软件质量。在开发流程的工序方面，测试排在开发的后面。也正因为如此，在实际的项目开发过程中，我们经常遇到开发工作与测试工作衔接不顺畅的问题，下面是常见的两种场景。

场景一：测试人员无版本可测试。如图 3-5 所示，项目 A 的团队采用敏捷迭代的方式进行软件研发，当项目进展到"代码冻结"阶段时，测试人员自然会做好回归测试的准备，一旦开发人员把版本发布出来，测试人员便马上开始回归测试。然而，开发人员可能会因为各种内外因素，不能按时发布版本，于是出现一群测试人员"等版本"现象。

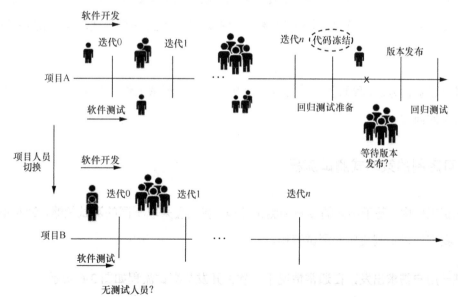

图 3-5 开发工作与测试工作衔接不顺畅的场景

　　场景二：有版本却暂时没有测试人员。由于团队的人力资源是有限的，当测试人员集中在一个项目进行回归测试时，那么能够投入到并行开发项目的资源是有限的或暂时没有。例如，对于图 3-5 中的项目 B（与场景一提到的项目 A 并行开发），由于测试人员不能按时从项目 A 中脱离，因此开发人员会抱怨没有测试人员对他们已发布的软件版本进行验证。版本质量评估不及时，从而导致开发工作与测试工作衔接不顺畅。

　　在图 3-5 所示的项目 A 的时间轴上，从测试人员的角度来看，开发人员手中的代码"冻结"版本发布延期，而项目最终交付客户的日期并未改变，在工作内容没有改变的情况下，测试人员的可用时间自然被压缩了。在这种情况下，我们常用的解决方法是增加测试人员，但这必将导致原本计划投入项目 B 的人不能按时脱离项目 A，从而影响了项目 B 的开发进度。此时，项目 A 中的测试人员由于在等待开发人员发布版本，因此出现了测试空窗期。面对这样的问题，作者建议从下列两个方面入手解决。

　　1）调整工作内容：可以提前启动不依赖软件版本的测试任务，如测试环境的搭建、测试脚本的编写和归档文件的提前准备等。

　　2）改变测试方法：测试人员可以充分利用版本发布延期的测试空窗期，首先考虑采用何种手段在测试时间被压缩的情况下，保质保量地完成项目的测试工作，如考虑哪些测试用例可以通过自动化测试方式完成，哪些测试用例可以在现有版本上提前测试，然后在后面发布的版本上做等同性分析。

　　通过上述解决方法，我们基本上可以解决开发工作与测试工作衔接不顺畅而导致的影响软件版本交付的问题。

3.1.5　可定制的策略式测试流程

　　在测试工作中，基于不同的业务和测试环境，我们会采取不同的测试策略。针对不同的测试策略，我们可以定制相应的测试流程。

　　从某一用户需求出发，在通常情况下，软件开发与测试流程如图 3-6 所示。

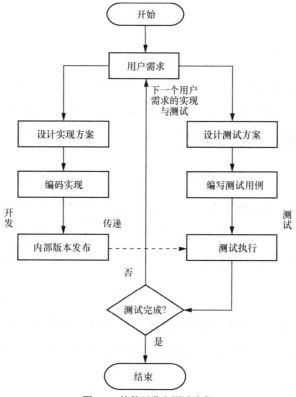

图 3-6 软件开发和测试流程

其实，图 3-6 展示是一种理想的开发人员与测试人员并行工作模式。然而，软件系统，特别是大型产品软件系统，其开发、测试过程并非上述理想模式那么简单。就软件测试而言，测试流程中可能引入其他活动节点，每一个活动节点也可能存在分支，因此，测试人员要根据项目的测试策略定制不同的测试流程。

图 3-7 所示是一个常见的测试活动可定制流程，其中用点画线框表示的"巩固测试""交叉测试"是可选项。巩固测试是我们在工作实践中摸索出来的有针对性的测试活动，通常在下列两种情况下开展。

1）在测试工程师 A 负责的模块经过第一轮测试后，若出现 bug 较少的情况，那么测试工程师 A 就会怀疑或认为该模块的质量不可靠，仍需继续测试，此时一般采用探索式测试[①]方式

---

① 探索式测试（exploratory testing）是一种自由的软件测试风格，强调测试人员同时开展测试学习、测试设计、测试执行和测试结果评估等活动，以持续优化测试工作。

进行巩固测试。

2）对于模块 X，测试工程师 A 对它进行第一轮测试后，较长时间没有再对它进行过测试。随着软件系统集成的模块的增加，模块之间的相互影响日益明显。有一天，测试工程师 A 突然发现，以前可以通过测试的功能，现在反而无法通过测试了，于是，他认为，新集成的模块影响了模块 X，有必要把模块 X 的所有测试用例再执行一遍，即进行一轮巩固测试。

此处的巩固测试有一个显著特点：测试过程中进行"自我回顾"和查缺补漏。需要进行巩固测试的情况包括测试人员怀疑自己的测试不充分或认为测试时出现的 bug 较多，以及新集成的模块影响原来的模块。无论出现哪种情况，巩固测试的目的是测试人员采用一定的测试策略拦截更多的 bug。

交叉测试是图 3-7 中另一个可定制的测试活动，其常见用法见 3.1.2 小节介绍的轮转式交叉测试。相比巩固测试，交叉测试将一个模块分配给多名测试工程师以进行轮流验证。

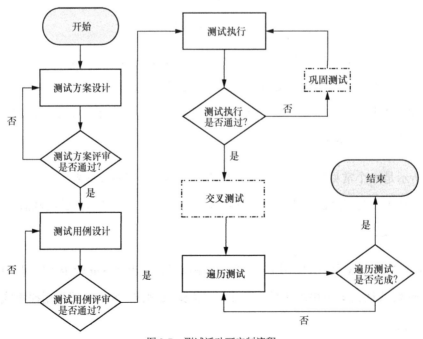

图 3-7　测试活动可定制流程

3.2 优化版本发布流程

一般情况下，软件在正式发布前，需要在公司内部进行多次迭代的多个版本的测试。这个过程其实也是测试工程师与开发工程师沟通交流和协同工作的过程。软件版本的发布包含很多流程，有些流程需要创建，有些流程需要简化或完善。每个测试人员都遇到过软件版本发布流程方面的问题，Sherry 和 Carl 也不例外。接下来，我们首先以对话方式介绍合适的内部版本发布流程和严谨的上市版本发布流程，然后以案例形式指出隐含的版本发布流程问题，并给出解决方案。

3.2.1 合适的内部版本发布流程

在软件产品的研发阶段，开发人员与测试人员通过内部版本协同工作，内部版本质量的高低直接影响双方的工作效率。关于内部版本的发布流程，我们先看 Carl 与 Sherry 的一段对话。

Carl：对于开发人员发布给测试人员的内部版本，我觉得有些不受控，因为我们经常遇到开发人员发布的内部版本不能正常使用，版本退回后，开发人员进行修改，修改后再次发布的情况。有时，这样的情况要发生好几次，每次开发人员都要经过两三天，甚至更长的时间，才能把版本发布出来。也就是说，需要经过几番折腾，测试人员才可以正常使用内部版本进行测试。

Sherry：我们公司主要进行医疗产品软件的研发，对这类软件的发布流程要求严格。即使发布的是内部版本，我们也有一套严格的内部版本发布流程（见图 3-8），以确保测试流程正常、高效运行，避免无谓的"折腾"。

Carl：我们公司主要研发消费类数码产品软件，我们的内部版本发布流程可能要比你的公司简单。根据我的判断，在内部版本构建后，我们两家公司的开发工程师都需要在真机上进行冒烟测试[①]。

---

① 冒烟测试（smoke testing）：在正式测试之前，对简单的、基础的程序失效情况进行检测。常用于在程序版本发生变更时，确认新版本程序的基本功能是否正常。

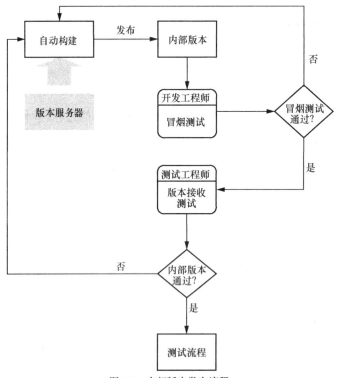

图 3-8　内部版本发布流程

　　我们分析一下 Sherry 所在公司的内部版本发布流程图，在版本流到测试端之前，流程中引入开发工程师在生产环境①中进行的冒烟测试和测试工程师在接收时进行的"版本接收测试"。有些读者可能有疑问，在有自动构建版本的情况下，为什么开发工程师还需要进行手工的冒烟测试？在一些纯软件开发过程中，软件版本自动构建后，可以自动运行冒烟测试。但是，在一些复杂的配置环境，特别是与各种硬件配置相关的环境下，如软件需要烧录到硬件板卡（特别是有多个硬件板卡的情况）中并进行大规模且复杂的软硬件联调，手工的冒烟测试可以更快地发现问题和解决问题。

　　为了避免内部版本发布到测试端后，测试人员在测试过程中遇到功能失效而返工，于是，我们可以增加开发端的冒烟测试。如果内部版本在开发端中通过了冒烟测试，那么，它是否可以通过测试端的"版本接收测试"呢？一般情况下，内部版本通过了生产环境下的冒烟测试，

---

① 生产环境：软件在生产端批量生产产品时的出厂运行环境。出厂运行环境是用户端的默认环境。

往往也会顺利通过测试端的"版本接收测试",这符合流程设计逻辑。

据 Sherry 的反馈,她所在的团队因工作流程的变化,开发人员进行冒烟测试时能真正在用户环境下确认自己实现的功能,这保证了内部版本的质量。团队成员对产品从研发端更快走向用户端的意识不断加强,对外发布的版本质量越来越好。

思考

在软件开发过程中,内部版本的发布根据组织采取的不同开发模式而对应不同的管理机制。流程不规范的组织中经常出现 3.1.4 小节提到的测试空窗期问题,这种流程方面的问题不仅造成开发人员和测试人员的工作衔接不顺畅,还会导致测试团队在测试时间上"前松后紧",从而降低了项目团队的整体工作效率。

3.2.2 严谨的上市版本发布流程

软件版本是软件产品在生命周期中某个时间点的一个快照,是软件呈现的一种形态。不同的版本往往存在功能或特性方面的差异,对用户的使用有直接影响,软件版本的重要性不言而喻。软件版本发布看似简单,但我们经常会在这个过程中犯一些不应该犯的错误,接下来这个案例,相信读者并不陌生。在下面这段对话中,Carl 讲述了一个在版本发布过程中出现人为错误的案例,Sherry 给出了解决同类问题的优秀实践。

Carl:之前,我们公司的一款已上市的智能录音笔在软件更新后,其声音转文字功能失效了。

Sherry:问题挺严重。

Carl:是的。幸好这个问题在代理商试机时被发现,于是,我们连夜把解决了此问题的补丁版本发给生产车间,生产车间工人只好在所有退回的产品上重新烧录软件。

Sherry:怎么回事呢?

Carl:之前的版本发错了。小 A 是一位新来的开发人员,某天,他接到了对此产品进行软件定制的任务,也就是需要对软件进行变更,以满足用户对软件的定制化需求。此款产品属于销售多年的老款产品，公司不再为它提供更新，因此，它不在公司日常维护产品列表中。另外，其代码编译服务器存在一些历史遗留问题，该产品的软件主管正好又在这一天请假了。于是，小 A 首先从项目经理那里接到任务，然后从代码仓库中获取代码并在本机修改后，直接编译，最后把版本发给测试人员小 B。而小 B，正好也是新来的测试工程师，对公司的版本发布流程等不太熟悉，收到小 A 发布的版本后，进行了测试。在确认功能修改满足用户需求后，小 B 认为测试可以通过。在项目经理的催促下，小 A 原本想把测试通过的版本发出去，但在发邮件时，因操作失误，将个人计算机上保存的另一个中间版本发给了生产车间。

Sherry：我们也曾遇到过这种问题。这种问题是一个令所有软件研发人员深恶痛绝的低级问题。

Carl：是的。你们是如何解决此类问题的呢？

Sherry：从流程着手解决。如果原来有版本发布流程，那么对现有流程进行完善；如果没有相应的版本发布流程，那么需要创建新流程。软件版本的上市发布需要一套受控的流程（见图 3-9），其核心思想是通过多层审批流程确保发布版本的正确性。版本正确性的审核重点是测试工程师的审核（或者称为确认），也就是由测试工程师确认开发工程师上传到版本发布平台上的软件压缩包是否为测试通过的版本。判断软件压缩包是否为测试通过的版本的方法或工具有很多（如文件对比工具 Beyond Compare 等），然而，审核判断方法是否有效的工作则由测试主管负责。例如，测试工程师可能利用工具自动比较测试通过的版本文件与开发工程师上传的软件压缩包文件是否一致，并留下比较记录，测试主管确认记录即可。同时，开发主管和项目助理，以及其他干系人（图 3-9 省略部分，视项目具体情况可选）也将从不同角度，对软件压缩包的发布依赖文件及归档流程的前后逻辑进行严格审核。经过多方对发布内容、归档逻辑的严格审核后，软件经理将根据各干系人的审核通过状态进行最后的发布审批。此时发布的软件版本对于用户的使用来说已经是安全的了，为什么还需要文控工程师的审批呢？这正是版本发布流程规范化的特点。文控工程师站在文控体系的角度，统一审核所有对外版本的发布说明、存放软件的服务器的安全性等，以便所有用户能在发布平台上获取统一的正式版本。只有通过了文控工程师的审批，软件版本才能进入最后的"生效"状态。

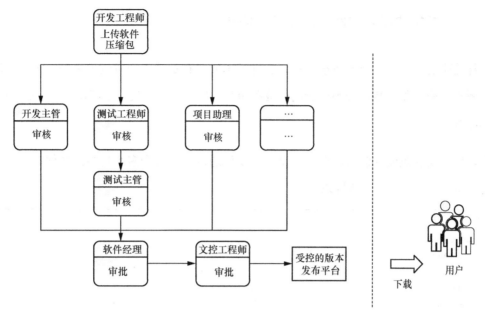

图 3-9　软件版本上市发布流程

Carl：非常好！软件版本的发布还有专门的发布流程，特别是版本的发布有多层级角色的发布权限与状态的管控，值得我们学习！

思考

版本发布是一件严谨的事情，一个版本就是一个产品。对于软件版本的发布，不同公司会采取不同的管理措施，包括专人管理，以及流程和平台管控。

（1）专人管理

1）　由开发工程师或开发主管外发。

2）　由测试工程师或测试主管外发。

3）　由项目经理外发。

（2）流程和平台管控

如果公司有一套严谨的版本发布流程，那么软件版本在通过公司内部的层层审批后，即可正式发布。

3.2.3　发现并解决隐含的版本发布流程问题

软件的研发是一个复杂的系统工程，软件版本的发布是软件研发过程中的一个重要活动，但由于版本的构建和安装部署不属于功能业务范畴，其质量经常被大家忽略，相信不少测试人员对此深有体会。

在软件的安装包或安装后的部署目录中，我们通常可以看到多个目录或文件。图 3-10 展示的是工具 Notepad++的安装目录。

名称	修改日期	类型	大小
autoCompletion	2020/7/5 23:46	文件夹	
localization	2020/7/5 23:46	文件夹	
plugins	2020/7/5 23:46	文件夹	
updater	2020/7/5 23:46	文件夹	
change.log	2020/6/24 5:46	文本文档	2 KB
contextMenu.xml	2020/1/3 17:55	XML 文档	4 KB
functionList.xml	2020/2/24 6:00	XML 文档	64 KB
langs.model.xml	2020/6/5 8:27	XML 文档	337 KB
LICENSE	2020/4/5 20:39	文件	16 KB
notepad++.exe	2020/6/24 8:58	应用程序	3,423 KB
NppShell_06.dll	2020/6/24 8:58	应用程序扩展	225 KB
readme.txt	2020/1/3 17:54	文本文档	2 KB
SciLexer.dll	2020/6/24 8:58	应用程序扩展	1,763 KB
shortcuts.xml	2019/12/3 10:24	XML 文档	2 KB
stylers.model.xml	2020/2/28 22:14	XML 文档	167 KB
uninstall.exe	2020/7/5 23:46	应用程序	259 KB

图 3-10　Notepad++的安装目录

对于需要测试的软件安装包，以及安装后的文件或目录，测试人员应该清楚它们的来龙去脉。例如，图 3-10 中的 NppShell_06.dll 文件是开发人员自主开发的动态库还是引入的第三方组件库？如果是开发人员自主开发的动态库，那么测试人员需要了解开发过程中的代码版本管理流程，以及整个工程版本的构建过程。若是引入的第三方组件库，那么测试人员需要了解待测软件与第三方组件库的接口关系。

Sherry 讲述了一个与软件版本的发布和部署相关的案例，并给出了案例中提到的问题的解决方案。

【案例】

Sherry 所在的公司为客户开发了一款带条码扫描功能的软件,因软件的某版本的压缩包中缺失一个重要的条码解析文件,导致用户端的扫码功能失效。幸运的是,这个问题在生产端装配产品时进行的调试中被及时发现了。

为什么会出现这个问题?首先,可以从开发人员的设计角度分析原因,见表 3-2。

表 3-2　条码扫描失败的设计原因分析

What:问题是什么?	条码扫描失败
Why1:为什么条码扫描失败?	在读入条码后,因为软件工程中缺少条码解析文件,所以条码无法被解析
Why2:为什么会缺少条码解析文件?	软件安装压缩包中未加入条码解析文件
Why3:为什么压缩包中未加入条码解析文件?	因为条码解析文件属于机密算法文件,所以未将它纳入自动构建环节
...	...

接着表 3-2 中的问题,开发人员可以继续提出"如果将条码解析文件纳入自动构建环节,那么是否可以彻底解决这个问题,且不产生其他问题"等问题。

对于用户端反馈的问题,开发人员通常会产生这样的疑问:测试人员进行了验证,且验证已经通过,为什么未发现此问题?

接下来,可以从测试人员验证的角度分析没有及时拦截此问题的原因,见表 3-3。

表 3-3　条码扫描失败时的漏测原因分析

What:问题是什么?	条码扫描失败
Why1:测试人员为什么没有发现此问题?	测试环境中存在条码解析文件,使得测试人员验证条码扫描功能时,条码能够被正常解析
Why2:为什么测试环境中存在条码解析文件?	某天,某测试人员在发现条码扫描失败问题后,反馈给开发人员,某开发人员为了不影响测试人员的工作,通过人工输入命令的方式把解决此问题的解析文件直接写入 EEPROM(Electrically Erasable Programmable Read-Only Memory,带电可擦可编程只读存储器)。于是,在测试环境下,条码扫描功能一直是正常的。也正因如此,即使对外发布的软件压缩包缺少了条码解析文件,也能在测试环境下正常运行
...	...

看似表 3-3 中提到的开发人员"好心办了坏事",测试人员也是"无辜"的,实则说明开

发人员与测试人员的工作合作在流程上出现了问题。

下面给出 Sherry 所在的软件研发团队的解决方法。

（1）规范软件安装包（压缩包）的开发过程

在进行软件的技术架构开发时（通常规划在迭代 0 阶段完成），系统工程师输出软件的安装部署设计需求。在内部版本测试时，测试人员根据此设计需求开展软件的安装、升级兼容性专项验证工作，并输出测试报告。测试报告需要体现软件的目录结构，确保每一个文件符合预期。

（2）回归测试启动前，对软件版本进行确认

根据上述案例中的问题，测试团队进行复盘，整理表 3-4 所示的常见的版本发布问题检查单。测试团队在每次回归测试前进行确认，并输出确认报告。

表 3-4　常见的版本发布问题检查单

版本发布问题	可能的原因	可能的解决方法
自动构建脚本存在错误	软件安装包中缺少某个或某些文件，但研发团队无人知晓，直到客户反馈问题	1）对自动构建的脚本程序进行正式评审； 2）对构建的脚本程序进行测试确认
出现"野"版本（未按正规流程自动构建的版本）	软件安装包中的实际内容与版本号不匹配，软件运行时依赖的某些文件被人手工替换或修改	软件版本发布包中的所有文件通过自动构建进行集成，包括开源或商业的第三方组件。当软件运行遇到"非法"文件时，可采用技术手段，如计算 checksum 的方法，保证软件发布包中的数据的完整与正确
磁盘空间不足，导致版本中的某些文件构建失败	在版本构建过程中，因构建服务器磁盘空间不足，导致某些文件构建失败，但版本发布人员没有及时发现此类问题，仍发布构建失败的版本	设置清理规则，定期自动清理部分或全部历史版本，以达到定期释放服务器磁盘空间的目的
发布错误版本	客户使用错误版本进行安装，导致不能还原运行环境，甚至破坏运行环境，如烧坏板卡	1）优化升级程序，增加自动"防呆"机制； 2）增加客户端软件升级检查单

对于软件版本发布的问题，Sherry 所在的研发团队通过规范开发人员的设计输出，以及增加测试人员在启动回归测试前对版本进行确认的工作，从而使开发人员与测试人员之间的工作合作在流程上发生改变，最终共同解决问题。在工作中，每个人遇到的关于版本发布的具体问题可能不同，上述解决问题的思路值得我们借鉴。

3.3 优化 bug 处理流程

3.3.1 定制合适的 bug 处理流程

测试人员需要对工作中发现的软件 bug 进行规范管理，这样才能及时、有效地评估及修复 bug。在软件开发过程中，bug 处理流程就像一根将 bug 的相关专业方向人员串联起来的纽带，如图 3-11 所示。不同专业方向人员围绕出现的 bug，按照一定的流程解决 bug。

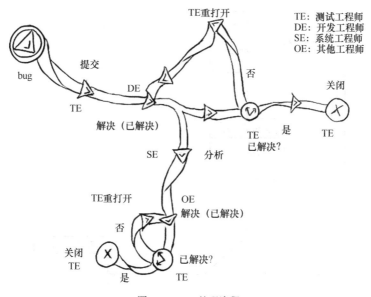

图 3-11　bug 处理流程

图 3-11 展示的是一个 bug 从被发现到被解决的整个过程，也就是需要经历"提交""解决"和"关闭"3 种状态。修复 bug 存在诸多困难，往往很难一次性彻底解决一个 bug，这使得 bug 可能被测试人员重打开。有时，bug 并非来自软件内部，而是涉及第三方软件组件、硬件组件和机械组件等，这类 bug 属于产品的其他专业方向需要解决的 bug。此时，bug 解决流程的走向需要改变，也就是将这类 bug 转给其他专业方向的工程师解决，如图 3-11 所示，经 SE 分析后，转给 OE 解决。在定制跨专业的 bug 处理流程时，我们需要综合考虑产品的各个专业方向，以便 bug 处理流程能够及时、准确流转。

3.3.2　简化 bug 提交的审核流程

　　Sherry 所在的公司采用的故障管理工具是开源的 Bugzilla，尽管此工具集成了一套成熟的故障管理流程，但根据团队内部的需求，他们对工具的一些功能进行了二次开发。一开始，Sherry 带领的团队只有 10 个人，且新入职的测试工程师较多。为了提升提交 bug 的有效性，Sherry 要求所有新人提交的 bug 都要先提交给她，由她审核确认后再转发给开发工程师，如图 3-12 所示。这样做的好处是流转到开发工程师的 bug 基本都是需要解决的，因为作为测试负责人的 Sherry 已提前过滤掉了新人提交的无效、重复、描述不明确的 bug。

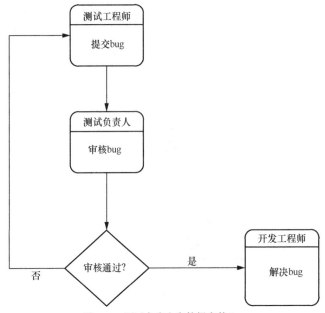

图 3-12　测试负责人审核提交的 bug

　　由测试负责人对提交的 bug 进行审核的方式确实可以明显提高提交 bug 的质量，但 Sherry 平均每天需要付出 1～2 小时的审核时间。后来，Sherry 带领的团队扩大到上百人，每天向故障库中提交的 bug 成百上千。显然，提交 bug 的人工审核机制已经成为项目的瓶颈，以致一些 bug 不能及时得到开发人员的关注及解决，从而影响了项目的整体进度。于是，Sherry 带领团队成员优化流程，提出了一套测试工程师在 bug 方面的自管理机制，包括填写 bug 提交前的检查单和设立 bug 排行榜，同时改进了 Bugzilla 内置流程，让 bug 提交后能马上流向关键的开发端。

（1）测试工程师填写 bug 提交前的检查单

测试工程师在提交发现的 bug 之前，需要填写表 3-5 所示的检查单。

表 3-5　bug 提交前的检查单

检查点描述	解决问题的措施	检查结果	备注
发现的问题是否属于 bug？	1）查找对应软件的需求定义，判断是否与需求定义一致； 2）主动与其他测试人员或开发人员交流，判断发现的问题是否属于 bug		
故障库中是否已存在自己刚发现的 bug？	1）在提交 bug 前，测试工程师通过 bug 关键信息在故障库中搜索，从而得知其中是否存在重复 bug； 2）向相关测试人员或开发人员确认		
bug 描述是否符合公司的故障提交规范？	一个故障的完整描述包括 bug 的标题、重现 bug 的操作步骤、bug 发生前后的软件的详细信息、bug 的严重程度、bug 的发生概率和发现 bug 的软件版本		

填写 bug 提交前的检查单看似简单，但需要测试工程师具备主动沟通、信息搜索和描述规范等能力。当全面浏览测试人员每天都在面对的故障库时，我们会发现，即使公司有明确的流程规范、模板指南等，但总会有执行不到位的案例出现。例如，bug 的严重程度填写不当，根据故障提交规范中 bug 级别的定义，一些 bug 本属于"严重"级别，却被填为"一般"级别；bug 的发生概率填为"必发"（必然发生），但按照出现 bug 的步骤的描述进行操作，却不能重现 bug，在与 bug 提交者确认后，发现它是一个偶发（偶然发生）bug。于是，针对表 3-5 所示的 bug 提交前的检查单中的第 3 点，即测试人员对 bug 的描述不符合公司的故障提交规范等问题，Sherry 带领的团队设立了"bug 排行榜"。

（2）设立 bug 排行榜

在引入上述 bug 提交前的检查单后，针对故障库，Sherry 带领的团队新增了一个 bug 排行榜，如图 3-13 所示。bug 排行榜可以直观展示 bug 情况，还可以促使团队成员相互监督。针对不同的项目，bug 排行榜会列出与 bug 相关的不同维度的数据，包括每名测试工程师提交的 bug 总数、无效 bug 数、重复 bug 数、已解决 bug 数、被重打开的 bug 数和关闭 bug 数。另外，量化的 bug 数据有利于对测试人员进行考核。

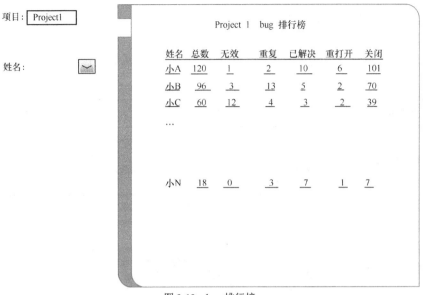

图 3-13　bug 排行榜

在 bug 排行榜的推动下,测试工程师填写 bug 提交前的检查单,然后提交有效 bug,开发
工程师对提交的有效 bug 进行处理,形成"双赢"局面,如图 3-14 所示。我们可以看出,在
bug 提交的过程中,Sherry 省去了以往人工审核提交的 bug 的时间投入,每位测试工程师通过
"自管理"bug 的方式,快速、有效地提交 bug,不仅锻炼了自身的测试能力,还可以避免开发
工程师处理无效、重复的 bug。

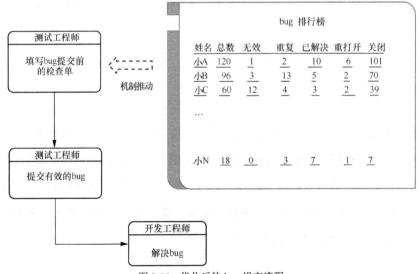

图 3-14　优化后的 bug 提交流程

3.3.3 增加风险 bug 的审核流程

根据软件 bug 出现后带给用户的影响程度，bug 可以被定义为不同的等级[①]。本节所述的风险 bug 是会给产品的使用者带来不良影响的严重及严重级别以上 bug 的总称（如分子诊断检测仪因存在软件 bug，使得病人样本的检测结果不准确）。接下来，Sherry 首先介绍了软件 bug 处理的常规流程，然后针对风险 bug，给出了优化后的处理流程。优化后的风险 bug 处理流程可以让开发人员的代码修改更加彻底，让测试人员对 bug 的回归测试更加充分，从而降低风险问题的发生，提升产品质量。

Sherry 介绍说，当她们的项目团队成员只有十几个人的时候，软件 bug 的处理流程如图 3-15 所示。

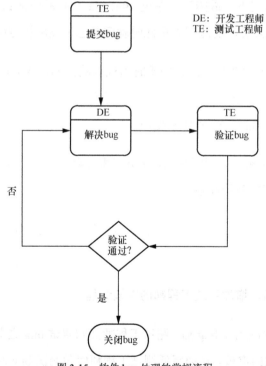

图 3-15　软件 bug 处理的常规流程

[①] bug 等级：根据对用户的影响程度，软件 bug 通常划分为致命、严重、一般、次要和轻微 5 个等级。在实际应用时，使用者可根据行业情况、软件特性需求，对 bug 等级进行扩展、裁剪或局部重定义。

尽管 bug 分为不同的级别，但在故障管理系统 Bugzilla 中的处理流程是一样的。测试人员在提交风险 bug 时，要求统一提交给某位资深开发工程师，由他保证 bug 处理的质量。风险 bug 解决后的回归测试统一由某位资深测试工程师进行，从而保证回归测试的充分性。由于团队规模小，就单个项目的开发而言，Sherry 带领的团队在采用图 3-15 所示的软件 bug 处理的常规流程时并没有遇到太多阻碍。

而随着公司业务的快速增长，软件团队扩大到 100 多人，在并行开发多个复杂项目时，故障管理系统 Bugzilla 中的风险 bug 成倍增加。Sherry 说，此时，她们的团队遇到下列 3 个突出问题。

1）团队规模扩大，原来"风险 bug 提交给某位资深开发工程师解决"的要求在执行时经常被遗忘，因为在默认情况下，故障管理系统 Bugzilla 会自动将测试人员提交的 bug 指派给 bug 所属功能模块的开发人员，而测试人员此时就容易忘记重新指派解决责任人。

2）原来的 bug 处理流程在执行过程中不时出现混乱，如新入职的开发工程师被指派负责处理风险 bug，但由于其业务熟练度不够，解决问题的经验也不足，经常出现已解决 bug 被重复打开多次的问题，使得 bug 处理质量不受控。

3）测试团队中的资深测试工程师短缺，新员工需要参与对已解决的风险 bug 的回归测试，但不时会发生回归测试不充分的问题。

下面是 Sherry 带领的团队在经过不断的探索后发现并成功应用于多个项目的解决上述问题的方法。

（1）风险 bug 解决后，增加系统工程师的审核流程

在开发工程师初步解决风险 bug 后，测试工程师回归测试 bug 之前，增加系统工程师对解决方案的有效性、完备性的审核，从而降低测试工程师回归测试 bug 时重新打开的概率，防止未彻底解决的风险 bug 重新回到开发人员手上，减少修改的次数。

（2）风险 bug 验证后，增加测试系统工程师的审核流程

在风险 bug 解决后，其解决方案由系统工程师审核通过后，由测试工程师进行回归测试，

回归测试完成后，填写回归测试策略，并把 bug 状态置为"已验证"状态，然后由测试系统工程师进行审核。若测试系统工程师审核通过，则关闭 bug；若不通过，则反馈意见，由测试工程师重新进行回归测试，直到审核通过关闭 bug 为止。

（3）风险 bug 的审核流程自动化

优化故障管理系统 Bugzilla，在风险 bug 被开发人员解决后，由该系统将责任人自动指派给系统工程师。同样，风险 bug 在由测试工程师进行回归测试后，由该系统自动转给测试系统工程师处理，以解决人工手动指派责任人经常忘记的问题。

增加风险 bug 审核机制的流程如图 3-16 所示。

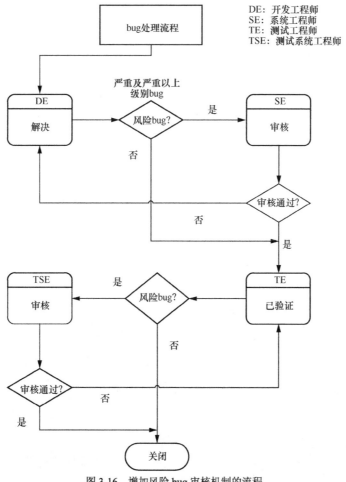

图 3-16 增加风险 bug 审核机制的流程

　　Sherry 说，从测试报告的数据来看，此流程执行半年后，多个项目的风险 bug 数量明显得到控制，在多名员工的总结中，也明确提到一些之前常出现风险 bug 的功能模块的质量得到好转，乃至整个软件系统的质量得到了较大提升。

第 4 章 流程与技术的融合

本章简介

本章从敏捷开发模式中用户故事（需求）的管理出发，首先提出软件开发过程中遇到的需求、实现和验证相关的问题，以及如何通过建立产品全链路各层级需求追溯体系的方法系统地解决它们，然后介绍研发过程中开发人员和测试人员是如何协调与配合的。另外，本章分享了测试驱动开发精进的案例。谈及流程，很多人认为它烦琐且枯燥，但就像前面章节提到的，流程也有很多好处，如可以规避一些低级错误，从而降低项目的质量风险。为了解决流程带来的效率损耗问题，我们可以采用技术手段优化流程，如开发相关的辅助工具和流程自动化执行，这些都可以极大地提高工作效率。本章提供了相关的实践案例。

4.1 风吹走了我们的用户故事

用户故事（user story）是敏捷开发中描述需求的一种方法。与传统长文档需求说明书不同，用户故事可以将用户需求的重心从"编写"转移到"讨论"，从而充分发挥团队的力量，在"讨论"中实现团队成员对需求的理解并达成一致。

Carl 负责过一个手机软件项目的测试工作。这个手机软件项目采用 Scrum 敏捷开发模式。下面是 Carl 讲述的一个被他称为"风吹走了我们的用户故事"案例。

Carl：在我们发布的一个手机产品的软件版本中，居然有一个重要的用户需求（敏捷开发采用用户故事表达用户需求）没有实现，客户发现这个问题并进行了抱怨。于是，公司老板要求我们在 1 天之内必须重新发布这个版本。

作者：怎么回事？

Carl：我们确实在计划讨论会上讨论过这个用户需求，但后来开发人员没有实现它。

作者：你曾经说过，你们有需求追溯表。为什么当时没有发现这个问题呢？

Carl：我们的需求追溯表较为粗略，这个需求点并未在需求追溯表中体现。

作者：在项目开发过程中，PO[①]是否已把此需求分解，并形成一个可交付的用户故事？

Carl：是的。在当时的早会中，PO 把此用户故事写在一张纸条上，并贴在任务看板上（Scrum 敏捷任务看板示意图见图 4-1，本例中提到的用户故事位于 ToDo 列，即待开发任务列）。后来，这张纸条可能粘得不够牢固，窗外的风吹走了这张任务纸条，但是没有引起我们的注意。

作者：这种意外事件还是比较少见的。

Carl：我们使用的敏捷任务看板上平时会贴很多任务纸条，包括 ToDo、Doing（正在进行）和 Done（已完成）任务。已评估过工作量的任务条，上面标有开发、测试所需的工作量。随着任务纸条在任务看板上的移动，工作量会发生变化，直到工作量清零（工作完成）。在每天的早会中，大家都会围绕任务看板上的任务进行沟通和交流。对于开发人员已完成且需要转到测试人员的任务，该任务纸条会被移到对应的"测试"区域。对于任务看板上的任务纸条，SM[②]会进行电子化管理，但是对于被风吹走的那张任务纸条，他是否及时进行了电子化，我并不清楚。

作者：任务看板和任务纸条是任务管理的工具。无论采用何种工具，SM 都需要梳理、跟进任务，并定期进行总结。

Carl：理论上是这样的。

---

① PO（Product Owner，产品或业务负责人）是敏捷开发模式中的一个角色，一般由熟悉该产品的业务、流程和管理等方面的人担任。
② SM（Scrum Master，敏捷专家）是敏捷开发模式中的一个角色，一般由熟悉敏捷开发模式和敏捷实施流程的开发人员担任。

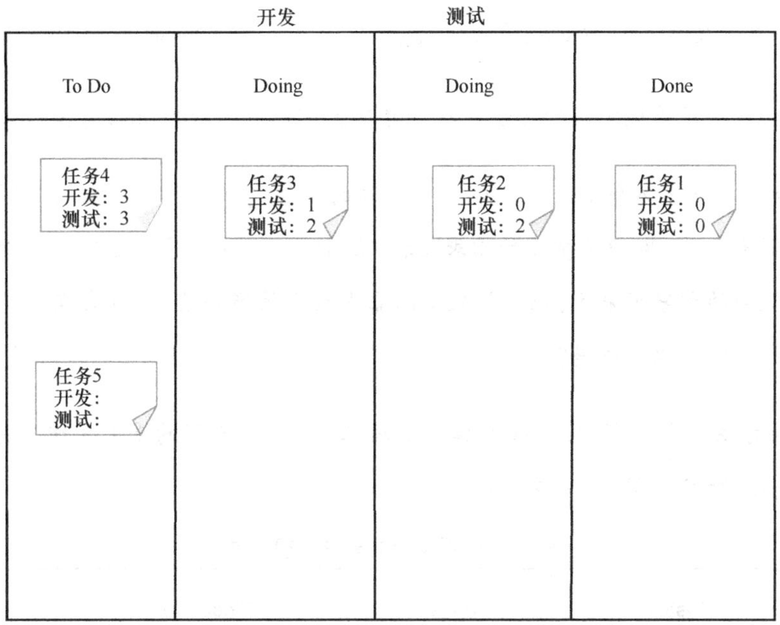

图 4-1　Scrum 敏捷任务看板

作者：根据软件需求识别其中的软件任务并进行拆解是一个技术活。对于一个小的用户需求，如果忘记实现，那么我们确实很难从任务看板上发现。

Carl：是的。

作者：一个项目会经历从需求开发到实现，再到测试的整个过程。你们如何保证所有需求都已实现，并通过测试呢？

Carl：虽然我们的项目团队建立了需求追溯体系，但这种做法目前流于形式。当需求实现并测试完成后，项目团队会把标题级的需求点写在一张表上，并找出几条测试用例与之对应，就称它为追溯封闭。

作者：对于软件需求，你们采用什么工具或流程进行管控呢？

Carl：在我们使用的敏捷开发模式中，PO 负责软件需求（产品 Backlog，即产品待办事项）的管理，产品 Backlog 的拆解和细化由开发团队与测试团队共同完成，也就是将它转化为可实现和可测试的任务。为了符合流程，开发人员输出详细的设计需求。设计需求采用 Word 或

Excel 文档存储并上传至 SVN（Subversion）配置管理系统进行管理。

作者：这也是一种管理需求的方法，在配置库上可形成各软件版本对应的需求基线。

Carl：虽然《敏捷开发宣言》中提到"可工作的软件高于详尽的文档"，但是大部分团队成员对它的理解有偏差。即便是重要的需求文档，他们也不重视。这样做不仅影响项目的管理，还给团队研发能力的积累带来了挑战。如果小的需求经常被遗漏实现，或者在实现后遗漏测试，那么有什么好的方法可以解决吗？

作者：解决方法肯定是有的，如使用需求管理工具。业界常用的需求管理工具有 TestLink、Tuleap、PingCode 和 DOORS（见表 4-1）。

表 4-1　业界常用的需求管理工具

名称 对比项	TestLink	Tuleap	PingCode	DOORS
厂商	开源	开源	北京易成星光科技有限公司	Telelogic
软件架构	B/S（浏览器/服务器模式）	B/S	B/S	C/S 和 B/S
项目管理	多项目需求、测试用例管理	多项目研发全生命周期管理	研发全生命周期管理；有效连接需求规划、开发过程、测试和持续集成	多项目开发，不同项目间需求的复用、共享
变更管理	支持	支持	支持	支持
版本管理	版本变化内容自动标识	版本间内容变化自动标识	版本间内容变化自动标识，区分新增与修改	比较不同基线版本需求的差异
追溯	1）支持需求与测试用例之间的追溯； 2）支持同项目不同级别需求相互之间的追溯	支持	支持	界面显示需求项及相互之间的追溯关系
角色与权限	可配置与自定义	支持	支持，还包括职位、部门的设置功能	权限可配置
变更通知	不支持	支持	支持。多种通知方式可供选择，一旦需求或任务有变，可以自动通知相关人员	当连接的一方产生变更时，可以自动产生提示符并通知另一方

　　DOORS 是历史悠久的专业需求管理工具。TestLink 是基于 B/S 模式的开源测试用例过程管理工具，在二次开发后可成为团队内部需求管理工具。近些年，随着敏捷开发模式在业界的广泛应用，涌现出一些适合敏捷开发的轻量级需求管理工具，如 Tuleap 和 PingCode 等。在选

择需求管理工具时，我们需要结合团队的实际需求，选择适合团队使用的工具。

我们可以通过需求追溯方式解决需求遗漏实现与测试问题，通常是在工具系统上完成从每一条需求到测试用例的正向追溯，从而形成对需求管理的有效闭环。需求追溯的方法、流程和工具形成了一套涉及产品开发全链路的需求追溯体系，我们将在 4.2 节详细阐述如何建立这个全链路的产品需求追溯体系。

4.2　建立全链路的产品需求追溯体系

在含有软件的产品中，软件往往是产品的"灵魂"，起到控制中心的作用。但想要更好地体现产品的价值，各专业方向需要通力合作，包括机械（在某些领域，由于"机械"专业方向相当重要，因此将它与"硬件"专业方向并列）、硬件、软件等专业方向。不同类别的产品涉及的专业领域不同，需求的类别、层级也会不同。为了确保不同类别、层级的需求得到合理分解、正确实现和充分测试，我们需要建立全链路的产品需求追溯体系。

4.2.1　一级需求及其追溯

毋庸置疑，产品的最终使用者是我们的用户。但站在产品从开发到退市的整个生命周期来看，我们可将用户分为外部用户和内部用户。外部用户是指产品上市后花钱购买产品并使用的客户。内部用户是指研发产品过程中共同创建产品的各方干系人。产品的一级需求是代表内外部用户利益的顶端原始需求。一级需求一般是抽象的，不能直接拿来开发，需要各专业方向逐层分解。一级需求很重要，因为它决定着产品的市场定位与用户群体。追溯一级需求的目的是保证所有干系人的需求不被遗漏，并正确地将一级需求往下分解。

下面是 Carl 与作者就需求管理的一段对话。

Carl：全链路的产品需求追溯体系考虑全面，但它已超出了软件本身的追溯范围。我们研发的手机项目，除涉及软件、硬件以外，还涉及机械。如果我们想要建立并推广全链路的产品需求追溯体系，那么就需要各专业方向共同讨论和决策。

作者：是的。从产品全局出发，我们可采取自上而下逐层分解的思路，从正向设计的角度建立全链路的产品需求追溯体系。以带有机械、硬件结构的产品为例，我们可以建立产品需求分解模型（见图 4-2），将产品需求分为用户需求和干系人需求。

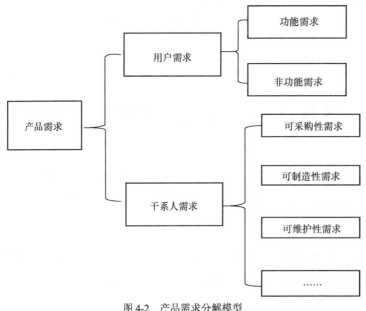

图 4-2　产品需求分解模型

Carl：我们正在研发的手机产品的需求结构可能与你提到的产品需求分解模型类似。如果是纯软件类产品，如京东、淘宝等购物类软件，以及微信、QQ 等社交类软件，那么，这些产品的需求分解模型是否一样呢？

作者：问题提得好！互联网新型产品的需求分解模型与传统制造类产品有所不同，因为用户关注的要素不同。然而，它们的分解原理是相通的，如它们的产品需求都可以分解为用户需求与干系人需求。但因产品的属性不同，用户需求和干系人需求囊括的要素不同，如互联网产品中的"用户体验"需求非常重要，在分解时，我们考虑将它单独列出。

4.2.2　二级需求及其追溯

用户需求、干系人需求是产品研发的源头，是产品设计的输入。制造类产品的研发离不开机械、硬件和软件等各专业方向的紧密合作，因此，一级需求的分解需要落实到各专业方向上。

接着 4.2.1 小节的对话，下面是作者与 Carl 关于二级需求追溯的讨论。

Carl：如果用户需求与干系人需求属于一级需求，那么，软件需求属于产品需求分解后的哪个层级？

作者：这个有些复杂。如果我们从产品需求来看，在有了产品需求后，我们便进入研发设计阶段。用户需求和干系人需求都属于产品设计的输入，我们可以将它作为入口，分解出各专业方向所属的需求，如机械需求、硬件需求、软件需求和其他专业方向需求等，它们就是产品的二级需求（见图 4-3）。

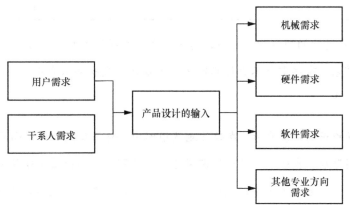

图 4-3　产品二级需求分解模型

Carl：我们原来确实没有关注整个产品的一级需求内容，仅关注了产品或业务负责人从整个产品设计的输入分解出来的称之为软件需求规格（Software Requirements Specification, SRS）的二级需求。

作者：从流程上来看，软件测试只关注软件专业方向的需求是没问题的。但由于需求的复杂性和易变性，无论是用户需求还是干系人需求，在人为分解过程中，会大概率出现错位、细节遗漏等问题。此时，严谨的追溯显得尤为重要。通常，我们可按需求级别，分别建立需求追溯二维表，清晰地体现每一个一级需求与被分解的二级需求的对应关系。以手机为例，从手机的产品需求出发，由各专业方向进行分解，称为一级需求追溯，我这里正好有一张产品需求分解一级需求追溯表（见表 4-2）。

表 4-2　产品需求分解一级需求追溯表

产品需求 ID	产品需求条目	专业方向分解	专业方向需求 ID
PR-001	手机重量不超过 150 克	机械	MES-001
		硬件	HWS-001
PR-002	电池电量不足时，有不同颜色的灯光提示	硬件	HWS-002
		软件	SRS-001
PR-003	手机续航时间不少于 24 小时	硬件	HWS-003
		软件	SRS-002
PR-004	产品有米白、纯黑、香槟金和玫瑰金 4 种颜色可供用户选择	机械	MES-002
...	...	...	...

Carl：是的。在过往的项目中，我们的确在一些软件测试用例中直接封闭（对应）了硬件、机械专业方向的需求。有些需求不太好确定是否可以划分到软件需求中，于是，它们没有被分解到软件专业方向中。

作者：从流程的正向角度来看，在软件测试用例中，封闭其他专业方向的需求属于异常操作。在发现此类问题后，我建议，对此类需求进一步分解，剥离出属于软件部分的需求。如果确实不好拆分，则关联专业方向都认领此需求，防止遗漏实现和测试，如这个产品需求分解一级需求追溯表（表 4-2）中的 PR-001、PR-002 和 PR-003 这 3 个产品需求点，都存在这种情况。

Carl：明白了，应该是这样的。对于软件，软件需求规格是软件开发与测试的重要依据。为了保证所有需求都被实现和验证，我们需要建立需求与测试用例的追溯关系。

4.2.3　需求与测试用例的追溯关系

表 4-2 展示了二级需求与一级需求的追溯关系，本节将详细讲述需求与测试用例的追溯关系。

作者：软件需求规格（SRS）内容的粗细粒度与项目团队采用的流程、开发模式有关。例如，在利用传统的 V 模型进行软件开发时，通常存在几页、几十页，甚至上百页的需求文档，开发人员依据需求文档进行软件设计和编码实现，测试人员依据需求文档设计和执行测试用例以验证软件，并封闭需求。在敏捷开发模式中，SRS 通常是条目化的 Backlog，在拆解任务后，需要转化为详细的设计需求。在有些团队中，软件设计需求也称为 SRD（Software Requirement for Design）。

无论是 SRS 还是 SRD，我们都需要追溯测试用例设计依据的内容，且需要实现最细粒度的追溯。我们将此阶段的追溯定义为产品研发的三级需求追溯，它是判断测试充分性的关键指标。以手机产品的软件需求追溯为例，我这里正好有一张软件设计需求与测试用例追溯表（见表4-3）。

表 4-3 软件设计需求与测试用例追溯表

软件需求规格 ID	软件设计需求 ID	软件设计需求	测试思路	测试用例 ID	测试用例标题
SRS-001	SRD-001	在电池电量不足时，3 种颜色的状态灯会根据当面的电池电量进行提示： 1）电池余量范围为（10%,30%］时，黄灯常亮提示； 2）电池余量范围为（0,10%］时，橙灯常亮提示； 3）电池余量为 0 时，红灯闪烁提示，且强制关机	正常测试用例：3 种颜色的状态灯的正确性	TC-001	黄灯提示
				TC-002	橙灯提示
				TC-003	红灯提示
			正常测试用例：电池余量范围边界值的正确性判断	TC-004	电池余量大于 30% 的状态灯显示
				TC-005	电池余量等于 30% 时的状态灯显示
				TC-006	电池余量等于 10% 时的状态灯显示
			异常测试用例：用户上传数据的正确性	TC-007	在用户上传数据到云端时，若遇到电量为 0 强制关机的情况，检查上传数据的正确性
				TC-008	充电后，重新上传的数据是否符合预期
			相关影响测试用例：不同条件下重启后充电功能的正确性	TC-009	在电量为 0 且强制关机后，采用标配充电头与数据线，充电到电池电量为 100% 时所需的时间是否符合预期
				TC-010	在高温或低温环境下，充电时长和充电功能的正确性

Carl：明白了，我们主要是在设计需求的细节实现上把关不到位，虽然有明确的设计需求，但有时出现遗漏实现，或者实现后遗漏测试，而且我们没有及时发现这些问题。

作者：从理论上来说，当建立三级需求追溯表后，我们基本可以避免有需求但遗漏实现，或者实现后遗漏测试的问题。其实，有用户需求但遗漏实现的情况在工程实践中并不多，而已经实现的功能因种种原因遗漏测试的情况较多，因此，追溯表可以有效地发现这类问题。

Carl：确实如此。自然语言编写的需求难免存在二义性。另外，每位测试工程师对业务的熟悉程度不同，具备的背景知识也不同，因此，对同一业务需求的理解存在差异，特别是对一些隐含需求的理解和挖掘，甚至存在更多不同，从而导致设计的测试用例不同。

作者：是的。这也是对于同一个软件版本，有些测试人员能够在其中发现 bug，而有些测试人员发现不了的原因。当然，针对这种问题，在测试的工程实践中，我们可以通过第 3 章提到的交叉测试进行解决。

Carl：我们可以将建立需求追溯表的过程纳入项目的测试流程，并将它作为测试活动必不可少的一个节点。

作者：可以先在一个小项目中进行尝试。

Carl：你刚才提到的软件设计需求与测试用例追溯表（见表 4-3）可以帮助我们系统地查看从需求到测试这条链路上的软件研发完成情况。在开发过程中，若能自动生成一个反映该进度的快照，就更好了。

作者：完全可行，不过，这需要工具的支持。我们有对开源的 TestLink 进行二次开发的实践经验，项目团队成员可通过配置，随时查看、导出从需求到测试用例的完成情况的统计表。我这里正好有一张从需求到测试用例完成情况统计表（见表 4-4），它通常包含正常测试用例数量、异常测试用例数量、通过的测试用例数量、阻塞的测试用例数量和失败的测试用例数量等。这些数据对衡量项目的质量和进度起到了很大的作用，是项目团队成员工作时的有力支撑。

表 4-4　从需求到测试用例完成情况统计表

软件需求规格 ID	正常测试用例	异常测试用例	相关影响测试用例[①]	通过	失败	阻塞	未执行
SRS-001	20	8	5	30	2	1	0
SRS-002	18	15	2	17	0	0	1
...	...	...	...	...	...	...	...

注：表 4-4 中的软件需求规格 ID 和测试用例对应的每个数据都自带链接，单击后可展开对应的详细需求或测试用例，便于我们了解细节。这对于测试用例充分性的审核，以及交叉测试阶段测试人员进行查缺补漏的探索测试非常有用。

---

① 相关影响测试用例：以某一业务功能为中心，验证此功能与其他功能之间的边界关系是否符合预期的测试用例。

作者：从需求到测试用例的追溯属于正向追溯，但从测试充分性的角度来看，仅设计正向追溯的测试用例不一定完整，我们还需要依据需求的上下文和软件设计方案等进行综合分析，设计完整的测试用例，甚至有时因需求不明确而需要根据过往测试经验补充测试用例，因此，最后的测试用例集中会出现有些测试用例无需求可追溯的情况。在工程实践中，我们遇到过其他专业方向的人不理解这种现象的问题，而对于测试人员，这种现象是正常的。但是，为了避免测试过度，出于项目管理考虑，我们可以导出从测试用例到需求的反向追溯表，分析无需求追溯的测试用例的占比，反推前面的项目开发过程是否存在缺失，如某个需求是否忘记记录或不完整。从测试用例到需求的反向追溯表可以具体展示每条测试用例的状态，以及相关测试信息（见表4-5）。

表4-5　从测试用例到需求的反向追溯表

测试用例ID	测试用例标题	软件版本	状态	测试人	测试时间	软件需求规格ID
TC-001	绿色状态灯正确性检查	01.00.1209	通过	小钟	2019年11月3日，10:33	SRS-001
TC-002	黄色状态灯正确性检查	01.00.1209	失败	小肖	2019年11月3日，11:33	SRS-001
TC-003	红色状态灯正确性检查	01.00.1209	通过	小钟	2019年11月3日，10:40	SRS-001
…	…	…	…	…	…	…

Carl：TestLink工具的功能强大且实用呀！在软件开发过程中，我们如何建立需求与测试用例的追溯关系呢？

作者：手动或自动建立这种需求追溯关系的前提条件是需求与测试用例在同一个平台进行管理，这有利于数据之间的访问、共享，以及数据的统计。至于什么时间建立追溯关系，如果是手动追溯，那么，在敏捷开发过程中，测试人员在早会中将任务条移交到"已完成"（Done）列时，意味着需求与测试用例的追溯关系已建立完成，但追溯记录需人工记录在表格中。如果采用自动追溯方式，那么必须事先建立需求与测试用例相互追溯的规则。我们曾在一些项目中通过需求ID与测试用例ID"强绑定"的方式建立自动关联的规则，其中的规则如下。

1）以模块为单位，定义需求前缀，如"SRS-Setting"，表示设置模块的需求。

2）定义统一的测试用例前缀，如"TC"。在创建测试用例时，操作人员必须指定需求模块，同时，系统自动嵌入表示需求和测试用例相互追溯的前缀，然后加上相应的序号，如 SRS-Setting-TC-001，表示设置模块的测试用例。

这种自动追溯方式的好处是可通过编号直观地反映需求与测试用例的追溯关系，但也有不足之处，即在创建测试用例时仍需要通过人工判断方式指定所属需求，而实际工作中，设计的测试用例有可能并无明确的需求（隐含需求）。此时，可能需要补充需求到需求库，但出于种种原因，测试人员可能会牵强地指定某一需求，导致隐含的追溯质量问题。

关于需求与测试用例的追溯关系或反追溯关系的建立，在第一轮中，由人工（手工指定需求与测试用例的追溯关系）建立了正确的关系后，一般情况下，后续将会很少通过评审增加或修改。

正如我在前面提到的，"软件设计需求与测试用例追溯表"是判断测试是否充分的"利器"，但充分到什么程度，表中的数据并不能直观反映，我们需要通过自查、他查（包括交叉测试、回归测试）方式来评估，甚至，我们还需要针对产品上市后用户端的问题反馈进行评估。还有什么方法可以判断测试的充分性呢？肯定是有的，我分享两种方法。

1）结构化测试用例设计是一种策略性的测试用例设计方法，可以在一定程度上从源头控制测试的充分性，此方法在"软件设计需求与测试用例追溯表"（见表 4-3）中有体现。

2）引入代码测试覆盖率评估。首先，执行测试用例，获取对应的代码分支覆盖率，然后对测试未覆盖的代码进行分析，补充相应的测试用例，最后得到符合项目预期的代码测试覆盖率数据。

Carl：谢谢，收益良多。看来我们需要尽早开发或引入需求管理工具与测试用例管理工具，并优化现有流程，这才是系统解决有需求漏实现、漏测试问题的上策。

4.2.4 需求与代码的追溯关系

测试用例在被测对象（软件程序）上执行的过程中，背后是一条条复杂的代码语句在快速运行，如进行判断、计算和跳转，有些代码语句在某函数体内循环，有些代码语句在函数之间传递参数或地址。

图4-4展示的是一段C语言程序在执行测试用例后所覆盖的代码块，代码行前面的数字（如1、0）表示此行代码被执行了多少次，如"1"表示此行代码被执行过 1 次，"0"表示此行代码未被执行过。从图4-4 中，我们可以清晰地看到，当前已执行的测试用例与对应程序代码的覆盖情况（追溯关系）。

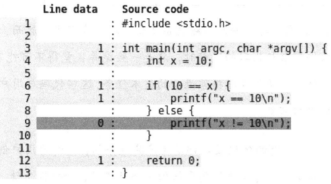

```
         Line data      Source code
    1             :  #include <stdio.h>
    2             :
    3          1  :  int main(int argc, char *argv[]) {
    4          1  :      int x = 10;
    5             :
    6          1  :      if (10 == x) {
    7          1  :          printf("x == 10\n");
    8             :      } else {
    9          0  :          printf("x != 10\n");
   10             :      }
   11             :
   12          1  :      return 0;
   13             :  }
```

图4-4　C 语言程序在执行测试用例后所覆盖的代码

现在，我们得到了测试用例与程序代码的追溯关系数据。可是，在正常情况下，测试用例编写的依据是软件需求，那么软件需求与程序代码之间的关系是否也可通过某种方法得到呢？于是，作者和 Sherry 就此问题进行了讨论。

Sherry：对于软件需求的追溯，我们公司的项目目前只做到了软件需求与测试用例的追溯。据说，有些公司在其项目中还要求做到软件需求与代码的直接追溯，这个可能吗？要求会不会太高了？

作者：我的一个朋友 Stephen 曾经给我分享过他们在这方面的做法。他们研发的监测生命体征信息的监护仪在美国上市前必须通过 FDA（Food and Drug Administration，美国食品和药物管理局）认证，提供的认证材料中包含了软件需求与代码追溯表。

Sherry：医疗产品与人的生命安全息息相关，要求严格一些是有好处的。我好奇的是，他们的软件需求是追溯到具体的代码行吗？还是追溯到其他什么程度？

作者：软件需求与代码追溯表已明确了与某个需求相关的文件、类、结构体、函数接口。我同样以手机产品的软件需求为例，让你看一下软件需求与代码追溯表（见表 4-6）。

表 4-6　手机产品的软件需求与代码追溯表

软件需求规格 ID	需求条目	文件	类名/结构体名	函数接口
SRS-001	不同颜色状态灯提示	status.cpp	class StatusLed	int BatteryEnough(int x,int y) void DifferentColour()
SRS-002	电源不足自动关机	shutdown.c	struct ShutDown	void PowerOff()
...	...	...	...	...

Sherry：这样的话，需求与代码的追溯关系变得清晰、直观了。然而，我们公司的一些开发工程师每次提及软件需求与代码的追溯时，总是一脸诧异，觉得不可能实现。他们还提到，他们经常有代码重构任务或软件基础框架性质的技术任务，这些代码与用户需求根本无直接的关联关系，纯属设计上的需要。

作者：本质上来说，所有的代码设计都是为产品服务的，同时为用户创造价值。由于软件架构设计的复杂性和特殊性，有些代码属于基础服务性建设，如数据仓储、设备驱动、自定义通信协议等，与上层用户业务确实无直接的对应关系，但这并不意味着这些代码与用户的软件需求没有关系。从理论上来说，对于用户的每一个需求点，我们都应该能找到对应的代码（块）（见表 4-6）。但是，反过来，每一行（块）代码是否有直接的软件需求相对应，并不一定，或者说没必要，这是由软件的特点决定的，如我们会在开发过程中增加一些防御性的异常捕获代码。我打开程序给你演示一下（见图 4-5 中的第 14 行，即 assert()函数的处理）。此异常捕获代码是为了防止程序运行过程中出现异常终止而设计的，是软件设计健壮性的体现。

```
1    #include <stdio.h>
2    #include <stdlib.h>
3    #include <assert.h>
4
5    int main()
6    {
7
8        FILE *fp = fopen("test.c","rb");
9        char a;
10       char *buf = &a;
11       int N = 1;
12
13       fread(buf,1,1024,fp);
14       assert(N == 1);
15
16       fclose(fp);
17   }
```

图 4-5　异常捕获代码示例

如果代码中没有 assert()断言，那么程序异常终止时将会黑屏，无任何信息。如果存在防御性断言代码，那么执行后将出现提示（见图 4-6），我再给你演示一下。

```
Assertion failed: N == 1, file DEFENS~1.C, line 17
Abnormal program termination

Memory allocation error
Cannot load COMMAND, system halted
```

图 4-6　异常捕获代码运行结果

Sherry：理解了，感谢你的分享。可是，我觉得要真正做到软件需求与代码的追溯，不但需要花费不少时间，而且在软件需求变化后还需要不断维护软件需求与代码追溯表。我们是否可以通过自动化方式软或更智能的方法解决此问题呢？

作者：可以。我们需要一个把软件需求、代码和测试用例之间的关系进行关联的管理工具。我把这三者之间的映射关系模型（见图 4-7）画在纸上，你看一下。

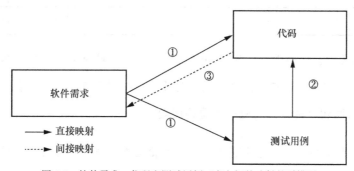

图 4-7　软件需求、代码和测试用例三者之间的映射关系模型

在这个模型图中，箭头①表示从软件需求到代码，以及从软件需求到测试用例分别建立正向追溯映射关系；箭头②表示建立从测试用例到代码的追溯映射关系，我们通过执行测试用例，可自动获取代码覆盖率数据（需要借助代码覆盖率工具，如适用于 C/C++代码的 gcov 工具）；箭头③表示经过了①、②的过程后，可以自动地间接获得代码与软件需求的映射关系。

Sherry：看了此模型，我突然明白了，软件测试用例执行时，背后就是在覆盖代码路径。在设计测试用例时，测试人员清楚某条测试用例是根据哪一个软件需求而来，此时可以建立好测试用例与软件需求的追溯关系。当执行完成测试用例后，把测试用例对应的代码文件、所属函数名称记录下来，这样，代码与软件需求的对应关系就自动地进行间接追溯了。

作者：理解正确！在工作中，当我们需要获取模型图中各要项之间的追溯关系数据时，我们尽量减少人工的参与，可以借助工具自动完成。在获取数据后，再由人工判断并作相关决策。我这里有一张通过工具导出的软件需求、代码和测试用例之间的横向追溯表（见表 4-7），你可以看一下。

表 4-7 软件需求、代码和测试用例之间的横向追溯表

软件规格 需求 ID	需求条目	文件	所属函数	测试用例 编号	测试 结果	测试版本	测试时间	测试人
SRS-001	不同颜色状态灯提示	status.cpp	int BatteryEnough (int x, int y) void DifferentColour()	TC-001	通过	01.00.1209	2019 年 11 月 3 日	小钟
SRS-002	电源不足自动关机	shutdown.c	void PowerOff()	TC-002	通过	01.00.1209	2019 年 11 月 3 日	小肖
...	...	...	...	...	...	...	...	...

Sherry：在此表中，软件需求、代码和测试用例之间的对应关系一目了然。当开发人员更改了哪个函数后，我们可以快速找到关联的软件需求、测试用例，进而精准地获取代码更改的影响范围，从而采取相应措施，规避测试遗漏问题。

作者：对的。更重要的是，这类追溯表可以由管理工具通过配置自动完成。项目团队可以在需要时随时查看、导出它们。

4.3 测试驱动开发精进

测试人员可能都比较熟悉下列 3 个问题。

问题 1：开发人员发布的版本不时出现测试人员接受版本后无法运行，或者某些重要的基本功能缺失等低级问题，此时，测试人员会抱怨开发人员。

问题 2：一些开发人员先写代码，待版本发布后，再补写流于形式的设计方案，或者没有

输出设计方案。而设计方案是测试人员理解软件设计实现原理的重要输入。一旦出现这个问题，开发人员与测试人员就会产生矛盾。

问题 3：开发人员抱怨测试人员提交的 bug 没有技术含量，如提示内容不正确、标点符号不正确和对话框内容不居中等问题。甚至，一些测试人员在多次被开发人员进行这种质疑后，就不敢再提交这类 bug，会妥协性地选择口头反馈，最后可能导致此类 bug 不了了之。

根据项目团队的具体情况，上述 3 个问题的解决方案肯定不唯一。下面作者以自身的项目经历，分享自己的解决方案，供读者参考。

4.3.1　场景再现

在软件开发过程中，无论我们采取的是传统的软件开发方法，如瀑布模型、V 模型，还是敏捷开发方法，如 Scrum、XP（eXtreme Programming，极限编程），一个个内部软件版本的发布都是项目通往终点的重要节点，是开发团队与测试团队接力的切换点，对团队和项目都有重要意义。然而，在这些节点中，我们经常会碰到一些实际的困难。

某公司的一个项目团队，共 12 人，负责一款小型医疗仪器的软件开发。当该项目团队开始采用 Scrum 敏捷开发模式时，原以为通过任务的切分和细化，开发人员每次提交的版本都是可用的版本，从此告别内部测试版本发布延期的问题，然而，实践过程中却依然遇到各种问题。下面是一段开发人员与测试人员的对话，读者或许有共鸣。

测试人员：不是今天发布版本吗？现在都快要下班了，你们怎么还没有发布呢？

开发人员：马上发布。准确来说，我们会在 17:59 准时发布（正常下班时间为 18:00）。现在还差 10 分钟，我们正在编译。

测试人员：又是下班前的最后 1 分钟发布！

开发人员：嗯，下班前一定会发布。

测试人员听后表示无奈，也对开发人员表示"同情"，因为开发人员为此次发布多次加班了。

开发人员：已经到下班时间了，但软件的编译还没有结束，而且，我刚才看到编译日志中出现了"Fail"信息，只得再次进入调试。

时间来到晚上 19:00，测试人员吃完晚餐回到办公室，继续等待版本发布。

测试人员：我还没看到发布版本的消息。

开发人员：快了，出了点小问题。

时间来到晚上 21:00，测试人员还在等待版本发布，但开发人员仍在调试。

测试人员：看样子，你们今晚都不一定发布版本了，我们的测试时间又被压缩了。

开发人员：对不起，我们还在定位问题，今晚肯定会发布版本，你们明早上班时一定可以测试新版本。

于是，测试人员先下班，开发人员仍在调试。

时间来到第二天的早上 8:00。测试人员打开计算机并查看消息，发现开发人员确实在半夜发布了新版本。于是，测试人员开始接收版本。但是，没过多久，测试人员又和开发人员进行了如下对话。

测试人员：这个版本不能接收。在使用 X 这个新功能时，单击鼠标后，软件出现黑屏问题且异常退出了。

开发人员：不可能有问题，因为我在 PC 上验证过 X 新功能。你是否接收了正确的版本？

测试人员：你可以到我们这里确认一下。

于是，开发人员来到测试人员身边。

开发人员：果真如此，不知哪个粗心的家伙忘了把调试编译宏去掉了。

测试人员：在上次的迭代总结会上，不是要求你们在版本发布之前进行冒烟测试吗？怎么又出现问题了呢？

开发人员：冒烟测试通过了，不过是在调试环境下进行的测试。

测试人员：……

正如《人月神话》一书中提到的："也许此时此刻，某栋办公大楼正上演着一个个项目失败（此处指版本发布失败）的场景。"

为什么历史总是惊人的相似？在现实世界中，存在各种各样的项目，找到适合项目团队的开发模式是相当重要的，这是敏捷开发的本质所在。《敏捷宣言》中的"最佳的架构、需求和设计出自于自组织的团队"原则也正是体现此意。

对于上文关于敏捷项目团队版本发布不顺利的故事，我们将在下一节继续讲述。

4.3.2　一次迭代总结会上的"头脑风暴"

一个月过去了，按照该项目团队原先的 Sprint 迭代计划，到了召开迭代总结会的时候。在迭代开发的整个过程中，版本发布多次延期，有一次甚至延期了一周时间。尽管项目的开发任务多、时间紧，但敏捷专家（SM）还是规划了迭代总结会的时间，即最后一个版本发布后的第三天。

按照 Scrum 的要求，在 SM 的带领下，项目团队的每位开发人员和测试人员都写了总结，大家一起在迭代总结会上对项目进行回顾、讨论。特别是开发人员，他们对版本发布延期进行了自我检讨。

SM：本次迭代共发布了 15 个测试版本，数量上符合要求，但质量堪忧。据统计，有 5 次版本被打回，有一次，版本连续发了 4 遍，才被测试人员接收。接下来，我们需要面对现实，拿出可行的解决方案。

开发人员 A：我对咱们的产品业务还不太熟悉，没有站在产品的用户运行环境角度考虑，对于多次的版本确认，其实是不合格的，而且没有及时发现问题。

开发人员 B：代码的提交延期了一周，主要是因为我的能力问题，还需要加把劲。

SM：提醒大家，我们不是在问责，是希望大家共同商议如何解决版本发布延期的问题。

开发人员 C：对于开发人员 B 提到的延期问题，我建议他在任务的拆解上再细分。Scrum 中提到用户故事（任务，无特别说明时，本节所述的"任务"是指 Scrum 敏捷开发中的用户故事点）的点数[①]（工作量）可以是 1、3、5、8 等（关于故事点数与工作量的关系，可参考杰夫·萨瑟兰编写的《敏捷革命：提升个人创造力与企业效率的全新协作模式》中的相关内容），对于新员工，我们是否可约定他一般不能领取最大点数的任务。或者，对于分配给新员工的任务，当点数是 8（根据团队的成熟度，设置适合团队的最大任务点数）时，需要再细分；如果任务实在不能细分，那么更换一个任务。

SM：好主意！

同时，开发人员 B 点头表示同意。

开发人员 D：关于版本联调任务，我建议不要将它集中在某个开发人员身上，大家可以轮流负责，尽量减少因新员工对业务、用户运行环境不熟悉等原因而导致版本发布延期。

SM 心里明白，项目任务的安排有时是带"人才培养"需求的，这一点虽然不符合 Scrum 原则，但团队成员确实也需要时间成长。然后，他征求开发经理的看法。

开发经理：在考虑项目进度的前提下，开发人员 D 提出的解决方案可以降低版本发布的延期率，我认为是可行的。

SM：好，我先把这条解决方案记录下来，以后落实执行。

测试人员 A：关于版本发布延期问题，站在测试人员的角度，我希望开发人员能够有效地提升版本发布的质量，因此，我建议负责联调版本的开发人员能够在真实的生产环境（产品的真实运行环境）中确认软件。这对于部分开发人员而言是有难度的，测试人员可以提供相关知识的培训。

————————————

[①] 敏捷开发中用户故事的点数：实现用户故事所需工作量的抽象度量，通常采用斐波那契序列（1、2、3、5、8、13、21）表示，数字越大，用户故事的难度与复杂度越高。

测试人员 B：我赞同测试人员 A 的建议，认为很有必要。只有这样，我们才能真正站在用户的角度使用软件，以及真正体验版本的质量。

SM：开发人员有不同意见吗？

开发人员 A：这样很好。

开发人员 B：如果生产环境的配置太复杂，那么可以进行培训。

开发经理：非常感谢测试人员 A 提出的建议，这条建议还可以促进团队成员的相互帮助和协作。

测试经理：我赞同前面开发人员和测试人员提出的建议，我还想提出一个总结性的建议，我们可以考虑把版本的确认、发布、测试接收纳入流程，并把依赖的相关节点串联，明确各节点的输入与输出，做好记录。这样做当然会增加一些工作量，但整个过程更加有序，软件版本的质量也更加可控，可以提升软件的质量与开发效率。

几位开发人员听到"明确各节点的输入与输出，做好记录"时直皱眉头。

开发经理扫视一遍开发团队成员。同样作为开发人员的他，当然明白自己团队的成员为什么排斥这个建议。他们是敏捷开发的拥护者，自然认可《敏捷宣言》中提到的"可用的软件重于完备的文档"原则。但站在测试，以及整个项目软件版本质量可控的角度，他还是赞同测试经理提出的建议的。开发经理认为，想要落地，需要进一步讨论，或者后续再考虑实施，因为他明显感受到了推行的阻力。开发经理经过一番思考后，还是表达了自己的看法。

开发经理：每次版本发布都做好记录是个好建议，但可否放在后面再考虑。

SM 认为，本次迭代总结会已经有了两个不错的建议，测试经理提出的建议还需要结合多个项目通盘考虑。于是，他同意开发经理的看法。

最后，SM 对大家提出的建议进行了总结，并形成了清单，如表 4-8 所示。

表 4-8　迭代总结会建议清单

序号	建议	责任人	完成时间	状态
1	开发人员轮流进行冒烟测试	开发经理		
2	对于如何进行生产场景下的冒烟测试，测试人员对开发人员展开培训	测试人员 A		
3	将冒烟测试纳入敏捷开发流程中	测试经理		

4.3.3　探索适合团队的敏捷开发流程

无疑，该项目团队成员是 Scrum 敏捷开发的拥抱者，也是在不断进行自我改进的自组织者。在迭代总结会结束不久，他们又在进行集中封闭式的下一个 Sprint 计划会了。尽管在计划会上，团队成员对产品 Backlog 的讨论结果还比较笼统，甚至对有些用户故事的理解还不到位或不正确，但他们都给出了初步的任务点数。在敏捷开发中，团队中的每个人都是产品 Backlog 的"主人"，这种开发模式可以让团队成员对用户需求有深刻理解。这一点与传统开发模式中团队成员被动接受需求文档，按需求文档描述的内容开展开发、测试工作有着本质区别。

现在，一切看起来都很顺利，下一个 Sprint 迭代开发已正式启动了。

第一个测试版本发布的时间计划为迭代启动会后的第 3 天。

测试人员 A：强调一下，负责联调版本的开发人员记得采用版本的真实运行环境，相关知识培训我将安排在今天下午，是否可以（测试人员 A 兼任测试负责人角色）？

开发人员 A：大约需要多长时间？

测试人员 A：1 小时以内，我们需要做好相关准备。

开发人员 A：没问题。

新迭代开始的第一天下午，测试人员向开发人员讲述了关于"用户真实使用环境"的相关业务知识。

时间来到了第二天下午。

测试人员 A：今天按计划发布版本吗？

开发人员 A：今天下班前发布。不过，我们需要测试团队安排一个测试人员在实验室指导开发人员确认版本。

测试人员 A：没问题，我来指导。现在，我们已准备好实验室的用户真实使用环境了，开发人员随时可用。

开发人员 A：谢谢，我们马上发布版本。

资深开发人员 D 负责本次版本的联调，以及带头实施新的改进措施。

开发人员 D 在测试人员 A 的指导下，成功完成了在实验室用户真实使用环境下的软件版本部署，并执行了冒烟测试，确认了新提交的功能的正确性。

正打算宣布成功之时，测试人员 A 却发现了问题。

测试人员 A：开发人员 D，快来看，仪器中的电机不转了。

开发人员 D：我们没有改动电机工作的驱动程序呀！

测试人员 A：硬件设计人员是否改动过代码，但没有通知咱们呢？

开发人员 D：这我可不清楚，SM 没跟我提及此事。

测试人员 A：快跟 SM 确认！电机不能转动，设备根本不能使用，版本可能需要重发。

于是，开发人员 D 马上电话联系 SM。

SM：前段时间，硬件设计人员跟我提到，他们要更改 FPGA（现场可编程门阵列）程序，但没有明确具体时间。

开发人员 D：即使使用老版本的 FPGA 程序，之前产品也是可以正常运行的。

测试人员 A：昨天，硬件设计部门的同事已更换了此台仪器的电机组件，但没提到要用新的 FPGA 程序。

SM：此事涉及多个专业方向，明天上班，我会优先处理。你们辛苦了，先下班回家吧。

在回家的路上，测试人员 A 在思考为什么问题总是出现，解决了一个，还会出现另一个，比如硬件 FPGA 程序的变化没有被构建到版本中。如果今天没有和开发人员 D 一起联调，那么明天测试人员 A 接收版本时就会发现它不能用。测试人员 A 认为测试经理在上次迭代总结会上提出的建议是应该被公司考虑的，而且越早考虑越好。尽管《敏捷宣言》中强调"个体与交互重于过程和工具"，敏捷团队成员之间的交互应该是有效和高效的，但是，该宣言中并没有说不能使用流程或工具，于是，测试人员 A 决定明天去找测试经理讨论。

问题发生的第二天，SM 确认问题出在项目的跨专业方向的信息传递上，于是，硬件设计人员把修改后的 FPGA 程序发给开发人员，开发人员修改软件，重发版本。

当天下午，测试人员 A 找到了测试经理，反馈了他们遇到的问题。

测试经理：我能理解。如果我们不从产品全链路的整个流程上系统考虑，那么未来的一段时间会不断出现一些新问题。

测试人员 A：其实，在上次迭代总结会上，对于你提出的建议，站在测试人员的角度，我是赞同的，但看到开发人员基本都在无声反对，我也不好说什么了。

测试经理：完全理解。不仅要让大家接受敏捷开发，又要在敏捷开发与传统开发之间取长补短，是需要时间的。

测试人员 A：嗯，就昨晚发现的问题，我们测试人员能做些什么吗？

测试经理：问得好！我想先让你思考一个问题，为什么你能发现电机不能动的问题，而开发人员 D 只在确认新提交的功能正常后，就认为可以发布版本了呢？

测试人员 A：因为我担心开发人员不熟悉业务，确认产品的基本功能时会有遗漏，于是，我又亲自确认了一遍。

测试经理：你不是向开发人员提供了相关基础业务知识及注意事项的培训了吗？

测试人员 A：是的，但我还是担心，于是就陪着开发人员一起确认版本了。

测试经理：培训效果的体现需要一定的时间。另外，对于某些人，培训不一定有效。因此，我们需要拿出一个具体的能够快速达成目标的方案，即让开发人员能够像你一样确认版本，并从中发现问题。

测试人员 A：这个比较难吧?

测试经理：其实一点都不难，关键是我们能不能拿出一个版本来确认通过的标准。有了这个标准，无论是谁，都可按照指示执行，以便及时、有效地做出判断。

测试人员 A：明白了。我可以先给出一个版本发布确认通过的 checklist 初稿。我将积累的业务知识、各功能的重要性和对风险的判断等转化为可见的 checklist，再邀请大家一起讨论。

测试经理：对! 有了版本确认 checklist，我们可以更有效地帮助开发人员进行冒烟测试。对于如何让开发人员长期使用 checklist 进行冒烟测试，我们需要优化现有流程。现在，我给你看看我们的版本发布流程图（见图 4-8）。

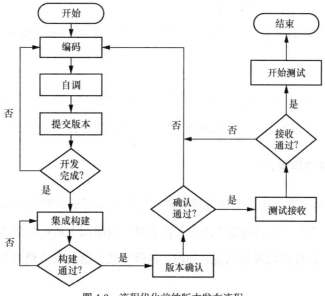

图 4-8　流程优化前的版本发布流程

测试人员 A：我们现在的流程确实是这样的。

测试经理：在这个版本发布流程图中，我用粗线标示的分支是开发团队内部编码实现功能特性的循环过程，属于正常现象。但在"版本确认""测试接收"的判断环节，一旦判断不通过，需要重新回到编码阶段，整个版本发布过程需要重新执行一遍，路径长，工作存在反复问题，那么，这两个节点有没有可能合二为一呢？

测试人员 A：作为测试人员，我当然同意，只是这样可能会增加开发人员的工作量，需要与他们协商。

测试经理：建议你先找 SM 商量，明确存在的问题，然后与开发人员及其他干系人沟通，或许还能找到更好的解决方案。

测试人员 A：明白，看来我们要走的路还很长，敏捷开发模式下的探索还需要一直进行。

4.3.4　测试驱动开发故事

该项目团队经多次迭代总结并就存在的问题进行整改后，版本发布工作仍常出现失败的局面，以及新问题，SM、开发经理都在反思，他们几乎同时提出："这是一个系统性问题，需要把软件发布所依赖的要素全部结合起来，测试经理在迭代总结会上提到的建议，我们需要重视了。"

测试人员 A 在测试经理的鼓励与指导下，很快对存在的问题进行了梳理，并主动找 SM 沟通。可以说，他们一拍即合，并决定就整个软件开发流程的改进邀请相关干系人进行讨论。

下面是他们讨论的场景。

测试人员 A 作为本次讨论会的主要组织者，首先展示了版本发布流程图（见图 4-8），并提出了将"版本确认"与"测试接收"两个节点合并，由测试人员提供版本发布 checklist 给开发人员确认的想法，以便提前发现问题。同时，他就可能会给开发人员带来一些新的工作量进行了解释和分析。

开发人员 A：对于测试的版本接收 checklist，测试人员人工执行时需要多少时间？

测试人员 A：我评估过，正常情况下，小于 4 小时。

开发人员 A：有没有可能全部由自动化测试来解决？

测试人员 B：60%的测试用例可以考虑。

开发人员 A：这样的话，我建议将这 60%的测试用例的脚本纳入持续集成[①]中，每次构建版本后，让它们自动运行。

测试人员 A：好主意！其他 40%的测试用例涉及人机交互，是产品的主要场景测试用例，开发人员可以提前确认，这样利大于弊。

开发人员 B：考虑到每次版本发布延期，测试人员在焦急地等待版本，开发人员的压力也确实比较大，能否请测试人员进行测试左移[②]，在版本发布之前，提前确认版本，确认通过后，后面的"测试接收"活动自然取消。

对于这种测试左移，测试人员遇到的最坏的状况之一是版本发布的质量糟糕，需要打回多次，投入的工作量增加。但通过几次迭代总结后的改进，情况会慢慢好转。对于测试团队，增加的工作量在可控范围内。

测试人员 A：可以考虑，但补充一点，如果测试前置了，那么，在遇到某些特殊情况时，如对外发布的版本，因测试后续的回归测试需要大量时间，建议由开发人员进行版本确认。

开发经理看到项目的测试人员积极推动问题的解决，并做出一些妥协，也认为测试人员 A 提出的建议可行，于是表示支持。

SM：感谢各位的支持！我们再回过头来看看测试人员 A 展示的版本发布流程图。对

---

① 持续集成：一种软件开发实践，即团队开发成员经常集成他们的工作。通常，每个成员每天至少集成一次，也就意味着每天可能会发生多次集成。每次集成都通过自动化的构建（包括编译、发布、自动化测试）来验证，从而尽早发现集成错误。

② 测试左移：在软件版本提交测试之前，执行测试。在开发完成每一个模块时，都可以运行相关的测试，以快速确认改动代码的质量。

于本次硬件 FPGA 程序未能纳入自动构建的问题，大家可以谈一谈如何避免类似问题的出现。

开发人员 C：这个问题的确需要我们好好考虑，因为此类问题是长期存在的。

测试人员 A：对于负责系统测试的人，除需要验证软件的变更以外，还要确认硬件组件的变更。我们可以像对待软件模块的变化一样对待硬件组件程序的变化，与硬件设计部门的同事约定好，他们发布的 FPGA 程序由他们提交到项目管理的配置库中，并指定路径，软件版本构建时，自动从此目录中获取变更后的 FPGA 程序。

开发人员 D：当然可以。这是个好主意，早就该这样了。但这需要 SM 与硬件设计的负责人协商。

SM：没问题，我来推动。顺着测试人员 A 的思路，重要模块的单元测试是否也可纳入持续集成中？如果可行的话，那么每次的版本发布都可自动执行单元测试，以便及时发现修改或新增代码带来的影响。

开发经理：可以考虑。此事可以交给开发人员 A。目前，单元测试用例已有，修改构建脚本即可，但这些自动化类的测试还是需要花费一定时间的，建议形成可配置的方式，应急时能够灵活处理。

测试人员 A：在默认情况下，版本发布 checklist 能够自动执行，这个是必备的。

开发经理：没问题。视后续集成情况，开发人员还可以考虑把测试人员使用的代码静态检查工具纳入，看看放在流程中的哪个节点比较好，这样可以主动地将软件中隐藏的问题尽可能消灭在版本发布之前。

SM：大家的建议都挺好！经过大家的齐心努力，我们又可以解决几个问题了。

对于流程中存在的相关问题，该项目团队给出了自动化、系统的解决方案。对比现有的版本发布流程图，该项目团队又向前迈了一步，于是产生了图 4-9 所示的优化后的版本发布确认流程图。

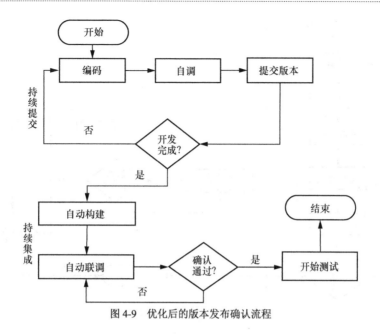

图 4-9　优化后的版本发布确认流程

在图 4-9 所示的流程图的"自动联调"部分，在原来单纯自动构建版本的基础上，增加了自动化单元测试、自动化代码静态检查、自动化测试版本发布 checklist，如图 4-10 所示。

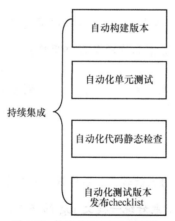

图 4-10　持续联调器组成示意图

开发人员 D：我还有一个想法，我们是否可以改变现有做法，开发人员的每次代码提交都做到版本是可用的，没有联调、版本确认的概念，测试人员随时可获取想要的版本并进行测试。我给大家展示一下我设计的持续集成流程图（见图 4-11），这就是我理解的 Scrum 敏捷下的持续集成开发模式。

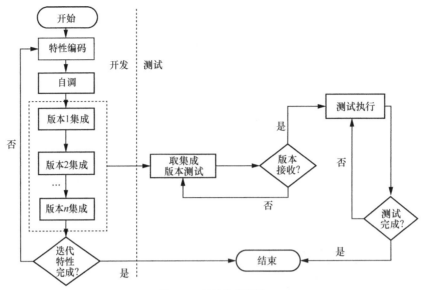

图 4-11　持续集成流程

在图 4-11 中，集成版本即为交付版本，后续还可以进行持续部署，以及自动化的软件安装、升级，这样就可以省去联调工作。

开发人员 C：对于这样的开发模式，开发人员每次提交版本都需要在用户环境下确认版本，每天都有很多人在提交版本，实验室的资源是否够用呢？

开发人员 B：现在，我们每天产生的代码需要提交到 Git 或 SVN 上，而我们的任务点一般情况下并不是一天就能完成的，这样的话，每次提交注定不能达到集成版本即交付版本的理想状态。

开发人员 D：如果有些任务的点数较大，不能保证每次提交都是可交付的软件，就在版本提交的 log（日志）中明确。我们最好统一提交 log 的格式，如标识为"进行中"的集成版本功能是不能当作交付使用的。

测试人员 A：开发人员 D 的建议启发了我，我们是否可以按照软件的特性，对软件进行分开处理呢？对于现在这个项目的软件，我们可以将它分为两个方向，一个方向是与仪器没有直接依赖关系的纯 Windows 环境下运行的应用程序，另一个方向是强依赖于硬件组件的嵌入式系统软件。如果是前者，那么开发人员 D 的建议完全可以走得通，而对于嵌入式系统软件，建议还是采用优化后的流程，因为我们还少不了人机交互的环节，目前这个阶段，有人工的参与会更可靠一些。

开发经理：开发人员 D 的想法很有创新精神，值得一试。测试人员 A 的点评非常到位，不仅指出了开发人员 D 的想法的局限性，还给出了合理的解决方案。大家共同探索了一套新的流程，后续其他项目可复用。这里，感谢测试团队的贡献。对于今天的讨论，我认为这不仅仅是测试在驱动开发，我们更进了一层，我们不妨就称它为"测试驱动开发精进"（TDDE）。

SM 微笑点头，并带头鼓掌。

4.4　工具是流程执行的助推器

每当提起"流程"，很多人脑海中可能马上会联想到"烦琐"两个字，特别是当今很多团队都采用了敏捷开发模式，可是，敏捷是否就意味着无须再走流程了呢？

接下来，我们一起看看"多走几百米的桥"的故事，它是一个典型的重交付、轻流程的案例。

从前，有个人来到一个偏远的山村，村里有条小河，河上没有桥，大家都只好蹚着水过河。"这多危险啊！我得给大家建一座桥！"这个人心想。

回到城里，他就出钱找人到村里建了一座桥（见图 4-12）。

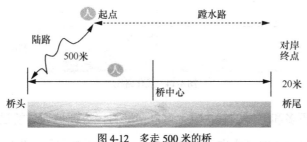

图 4-12　多走 500 米的桥

一年后，他又来到这个小山村，看到自己出钱建设的小桥已经架设在小河上。但他惊奇地发现，村民依然蹚水过河，很少有人从桥上过河。他百思不得其解，于是来到山村里并询问村民："河上不是有桥吗？你们为什么还要蹚水过河呢？蹚水过河多危险呀！"村民回答："确实有桥了，但是桥离我们平时过河的地方（村头）太远了，过河不方便，到达桥头需要走几百米的崎岖小路，回来时还要多走几百米，蹚水过河多方便啊！"

如果我们把产品研发看成过河，那么桥就是研发流程。在现实的软件开发过程中，如果项目团队遇到类似的情况，那么是"蹚水过河"（不走流程），还是规规矩矩地"过桥"（走流程）呢？

在 Scrum 敏捷开发模式下，自组织的敏捷团队会主动找出问题的根源，并采取持续改进的思路解决问题。对于这则故事中反映的"通过桥过河"不方便的问题，我们首先想到的是缩短村民从村头到桥头所用的时间，即提供工具，如摆放几辆"共享单车"（见图4-13）。

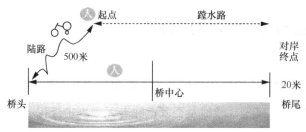

图 4-13　利用"共享单车"缩短从村头到桥头的时间

经过进一步分析，我们还会发现，从村头到桥头的小路是崎岖的。于是，我们可以将原来崎岖的小路取直，开辟一条笔直的新路，这样，就缩短了从村头到桥头的距离（见图4-14）。

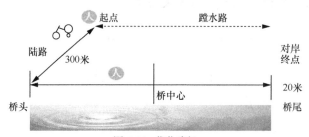

图 4-14　优化路径

作者相信，还有更多和更好的解决方案可以帮助村民方便地通过桥过河。其实，无论是过河，还是产品研发，只要选对了方向，多走几百米，根本不是问题，我们总是可以找到更好的工具（或方法）解决问题。这也是流程与工具需要融合的原因。流程，为我们解决共性问题提供了一套系统的标准方法，而工具就是流程执行的助推器。

4.5 流程自动化

在软件测试领域，谈及自动化，大部分人会认为指的就是自动化测试，即测试用例被自动化执行。有些公司每年都会设置一些指标，如今年测试用例的自动化率为40%，明年为60%等。其实，对于软件测试，除执行测试用例以外，还有很多其他方面的工作，这些工作在测试过程中的占比并不一定很高，但它们涉及的面广。例如，对于测试中的配置管理活动，在一个项目团队中，除测试人员会在内部进行配置管理活动以外，开发人员和项目团队的其他成员也会进行配置管理活动。配置管理活动具有通用性，流程是固定的。如果我们将这些流程自动化，那么能够给项目团队带来不小的收益。例如，在每次完成测试任务后，我们需要进行测试过程输出物的归档，而这个归档流程是固定的。于是，我们可以将这个归档流程自动化。

本节将会提供配置管理活动自动化和测试过程输出物归档自动化的优秀实践，希望读者得到启发，并可以举一反三。

4.5.1 归档故事

把研发阶段性的输出成果建立基线并归档备案，相信很多人都做过这种工作，这也是当今大部分公司采取的一种过程管理策略。但在一些创业公司中，或者公司成立的初期，流程尚未全面建立或完善，要求会有不同。关于归档，Sherry 和 Carl 也有他们的看法与心得。

作者：一些测试人员可能没有经历过归档工作，也不完全清楚什么是归档。

Sherry：是的，包括多年前的我在内。多年前，我在当时只有十几人的小公司上班时，公司的文档很少且零散，但公司老板会把一些重要的纸质文件，如客户需求说明书和合同，放在文件夹中保管。

Carl：这其实也是一种归档。在大学实习期间，我参与了一家大型计算机主板制造企业的 ISO 9002 认证工作，对各职能质量体系文档归档的要求印象深刻。那是在21世纪初期，这家企业还没有完善的电子流程体系，全是一摞摞纸质文件。这家企业有一个文控室，专门的文控工程师负责对成千上万份的文档进行分类、编号等处理。为了迎接认证机构的审查，企业上下奋战了近一年的时间，可以说是打了一场"文档战"，耗时耗力。

作者：想要通过 ISO 体系认证，确非易事。但拿到了认证，就相当于拿到了产品面向国际市场销售的通行证，同时增强了客户信心，无形中扩大了产品的市场影响力，是提高企业效益的有效策略。

Sherry：是的。对于我们公司生产的医疗器械产品，只有通过 FDA 认证，产品才能在美国市场销售。

Carl：听说 FDA 认证的要求非常严格，甚至苛刻。

Sherry：就我亲身经历过的 FDA 产品研发过程管理而言，可总结为逻辑严谨、有序、可控和以数据"说话"。FDA 认证对软件测试环节实测结果记录的真实性要求非常高。按我们公司的测试工程师的说法，希望有个摄像机把测试过程中每个场景及测试所得数据如实录下来，等到审核人员入厂审核时，展示相关场景，则可代替测试报告中手工录入的过程数据。

作者：想法很好！你们这样操作了吗？

Sherry：仅仅是想法而已，因为 FDA 认证要求严苛，即使电子流归档，也需要以符合 FDA 21 CFR Part 11 方式表达。但也正因为受此启发，我们后来实现了内部称为"一键归档"的归档流程自动化。

Carl：可否详细分享？

Sherry：我们公司的质量管理部门有一套完整的文控体系，各专业方向归档的过程输出文档都有各自的模板及格式要求。就测试方案、测试报告而言，它们使用的是 Excel 模板，封面、页脚、页眉和内容的格式都有要求。由于测试方案涉及的内容要素相对少，因此，它归档时遇到的问题就少。但测试报告就不同了，有时，测试记录多，放在一个 Excel 单元格时，篇幅经常超过一页，而此时需要人工进行页面调整，才能满足文控人员的要求。另外，这种处理文档的工作需要反复进行一些相同的操作，负责完成此任务的工程师经常会抱怨。有一次，一名新入职的工程师第一次负责文档的归档工作，处理的内容较多，又遇到 Excel 版本兼容问题，导致仅在反馈处理文档格式的问题上就消耗了近两天时间，最后因本机的 Excel 版本与归档服务器 Excel 版本的兼容问题，丢失了调整好的格式，该工程师只好重新再来一遍。

根据我们讨论的内容，作者总结了下列 3 个归档中存在的问题。

1）在按照归档模板处理测试报告时，因报告的内容多，经常出现超出单元格高度的问题，须人工调整 Excel 文档格式，耗时且易出错。

2）在归档流程中，人工方式参与较多，包括获取模板、修改封面、添加页脚和页眉、增加文档版本号等，操作烦琐且易错。

3）审核流程过长，通常需要归档人员通过打电话的方式进行跟踪。

手工归档工作烦琐且易出错，因此，很多工程师不太愿意负责这方面的工作。于是，我们在下文中提供解决此类问题的思路与方法。

4.5.2　改变思路，让工作局部自动化

接着 4.5.1 小节的讨论，Sherry 继续分享"一键归档"流程自动化案例。

Sherry：在处理问题的时候，我们喜欢建模，一旦模型建立，我们的讨论就容易聚焦，也容易发现问题的所在。

作者：这是一个解决问题的很好的开始。

Sherry：我们梳理了归档流程。

第一步——建模（设计流程图）。

我们把归档流程各节点进行抽象表达。你们看一下我们当时设计的归档流程图（见图 4-15）。

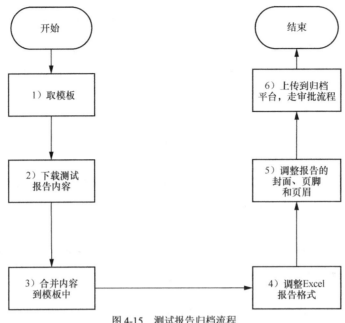

图 4-15　测试报告归档流程

当把流程图设计出来后，我们发现，除最后一项（上传到归档平台，走审批流程）因涉及公司的另一个管理平台以外，其他都是测试内部的事情，而且大部分都可通过流程电子化、操作程序化的方式逐步实现自动化。

第二步——寻找合适的解决方案。

看着这个流程图，我们很想立即解决所有问题，但因为时间关系，团队成员最后一致决定先解决最花费时间的第 4 项涉及的问题，即人工调整 Excel 报告格式。在清楚了问题所在并寻求解决方法时，我们发现，解决方法有多种，有些问题的解决可以通过直接的方法，而有些问题需要经过认真分析，才能找到合适的解决方法。例如，对于第 4 项涉及的问题，如果我们使用直接解决的方法，即通过程序调整格式，那么便是一条"弯路"。为什么呢？

因为 Excel 中的单元格的高度是不固定的，会随着内容而变化，也会随着我们调整单元格的宽度而变化，所以无固定的规则可言。采用编程方法自动化解决此问题的思路是行不通的。怎么办呢？我们先看一下出现此问题的背景，测试报告的模板采用 Excel 表格的原因是测试报告中的测试用例有多个字段，包括测试用例标题、预设条件、操作步骤、预期结果和实测结果等，采用 Excel 表格承载是一种比较好的选择。我们再进一步分析为什么要调整格式，因为只有让 Excel 单元格中的内容完整显示，才能使转换后的 PDF 文档中的内容完整显示。文控和质量管理体系部门在第三方审核机构需要时，才能打印出内容完整的纸质文件。你们看一下当时我们设计的测试报告的组成图（见图 4-16）。

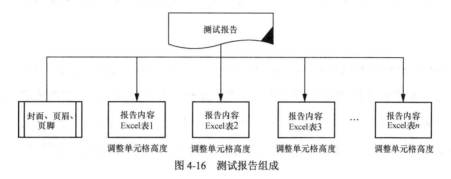

图 4-16　测试报告组成

在清楚了文档归档的目的后，我们的问题转换为"采用什么文件格式显示测试报告内容，不用调整格式并且可完整转换为 PDF 文档？"很快，团队中有人提出测试报告可采用 HTML 格式呈现，这样可以告别调整 Excel 单元格高度的问题。我们可以利用工具轻松地将 HTML 格式的文件转换为 PDF 格式的文件。但是，公司的模板有它们固有的封面和格式，这必须与文控、质量管理体系部门协商一致。经过多方协商，我们仍然采用公司提供的 Excel 模板，但是将测试报告的内容自动生成为 HTML 格式的文件，并将它作为 Excel 中的附件进行引用（见图 4-17）。

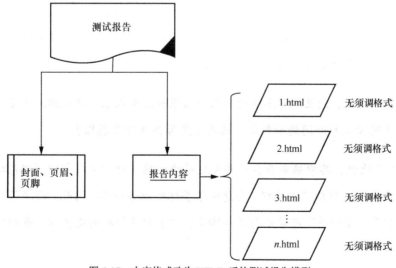

图 4-17　内容格式改为 HTML 后的测试报告模型

第三步——实施与推广。

对比原来的测试报告组成图和内容格式改为 HTML 后的测试报告模型，我们发现，主要的变化体现在测试报告内容的承载格式上。这看似并无太大的技术难度，却有效地提升了工作效率。

在实施整个归档流程过程中，我们还结合公司自身的测试用例管理平台，开发了能够根据条件一键生成所需 HTML 格式报告内容的功能，简化了归档流程。在采用新流程归档后，归档工作时间由原来的平均 3 天变为 0.6 天，工作效率提高了 5 倍。随着工作效率的提升，测试工程师的工作满意度也随之提升。很快，局部自动化的归档流程在各项目中得到推广。

当年年底，我们团队进行了一次数据统计，你们可以看一下这张测试归档流程改进效率提升统计表（见表 4-9）。

表 4-9　测试归档流程改进效率提升统计表

产品线	年归档次数	原平均工作量/次（天/人）	现平均工作量/次（天/人）	效率提升倍数	节省工作量（天/人）
A 系列产品方向	60	3	0.5	6	150
B 系列产品方向	80	4	1	4	240
C 系列产品方向	35	3	0.5	6	87.5
D 系列产品方向	20	2	0.5	4	30
合计	—	—	—	—	507.5

Carl：你们对问题的分析的态度，值得我们学习。

作者：从结果来看，效果还是不错的。为什么很长时间以来，没人解决此类问题，而直到部门经理亲自上阵才能推动问题的解决？这其中是否存在什么原因？

Sherry：坦率地说，其中确实存在一些大公司的通病。对于涉及部门"职能墙"的问题，各个职能部门只会关注到局部的目标，而忽略了整体的业务价值，因此，跨部门的流程优化确实困难重重。但是，我们并没有停止前进的脚步，对于测试归档的全流程，我们已完成全面自动化。

4.5.3 再往前一步，让整个流程自动化

正如 Sherry 在上节所言，她们并没有停止继续优化流程的脚步，下面是她关于归档流程全面自动化的阐述。

Sherry：在完成了测试报告内容承载格式的改变后，对于归档，其流程上仅剩归档文档的封面、页脚、页眉等模板性固化问题了。模板有其固定的格式，封面、页脚、页眉等完全可固化。在测试报告生成的过程中，可采用自动嵌入模板的方式解决。对于封面中的修订记录，即每次归档必变的部分，我们采取新增页面的方式让操作人员更新，并进行电子签名。

在测试报告内容改为 HTML 格式后，我们把这些内容文件一起打包（生成同一个压缩包）并作为附件，然后在归档文件的说明中提供引用此附件的超链接。然而，在把模板化的归档工作自动化后，我们发现，增加了将若干 HTML 文件打包成压缩包的动作，而且归档人员需要将该压缩包上传到归档服务器中，审批人还需要下载该压缩包并解压缩。于是，我们又把整套测试报告直接提交并归档在某一受控服务器上，从而使归档的整个过程自动地流转起来。当文控和质量管理体系部门，以及相关审核人员需要审核测试报告时，可直接通过浏览器从服务器中获取。这样可以减少原来从归档管理平台上下载到本地计算机中再打开的操作，以及规避下载到本地后的 Office 兼容问题。在对整个流程进行全面梳理后，我们设计了自动化的归档流程（见图 4-18），你们可以看一下。

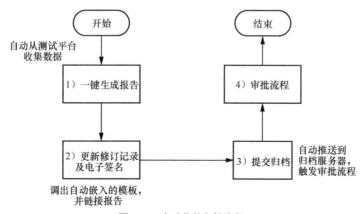

图 4-18　自动化的归档流程

相较于原归档流程（见图 4-15），在自动化后的流程中，人工参与仅限于填写文档的修订

记录和电子签名，真正花费较多时间处理的操作已经没有了。

Carl：理解了，归档过程原来可以这样。

作者：在了解了问题的原因并经过认真分析和思考后，我们总是可以找到多种解决方案。在经过多次优化后，我们会获得一个合适的解决方案。

Sherry：是的。流程自动化的重点是要识别出问题，并找到影响面大的问题，如多个产品方向同时存在的问题。

作者：是的。在软件测试领域，存在一个误区，不少人认为自动化测试就是测试用例执行自动化。这种看法是片面的。对于与测试相关的工作，如果涉及反复、有规律的操作，那么我们都可以将它们实现自动化或半自动。从产品研发的全流程来看，优化上下文相关流程，才能更好地提升项目团队的工作效率。

第 5 章　测试用例规范化

本章简介

什么是测试用例？对于测试人员，这是一个看似简单却又不太好回答的问题。在业界，测试用例的规范化编写更是一个棘手的问题。本章从重新认识测试用例开始，探讨测试用例编写的现状，寻找普遍存在的问题；然后围绕测试用例，提出几种常见的测试用例结构设计框架；最后展开阐述测试用例的要素及其编写规范。本章提出的测试用例简语、测试用例宏和测试用例变量是作者工作中应用多年的优秀实践，作者将它们分享给读者，并希望和读者共同探讨如何在测试用例编写方面进行创新。

5.1 重新认识测试用例

测试用例是测试人员工作的核心输出，测试人员通过执行测试用例发现软件中的问题，评估软件的质量。由此，我们先思考下列问题。

1）什么是测试用例？

2）测试用例在测试人员心中的地位如何？

3）测试用例的作用是什么？

在本节中，围绕上述问题，结合工程实践中的心得和体会，作者谈一下自己的观点与看法。

5.1.1　什么是测试用例

在刚从事测试工作的时候，你可能不太清楚测试用例是什么，就被安排编写测试用例了。在运气好的时候，你可能会得到一个测试用例编写模板，如表 5-1 所示的用户登录功能测试用例，然后，你参考着行业前辈编写的测试用例，便开始了测试用例编写之旅。

表 5-1　用户登录功能测试用例

测试用例 ID	测试用例标题	操作步骤描述	预期结果	测试结果
DL-1	用户名正确、密码不正确时登录	输入正确的用户名，密码为空，单击"登录"按钮	弹出"密码无效！"提示	
DL-2	用户名不正确、密码正确时登录	用户名为空，输入正确的密码，单击"登录"按钮	弹出"用户名无效！"提示	
DL-3	用户名和密码都正确时登录	输入正确的用户名与密码，单击"登录"按钮	进入系统	
DL-4	用户名和密码都为空时登录	用户名、密码为空，单击"登录"按钮	弹出"用户名和密码无效！"提示	
DL-5	随意输入用户名、密码时登录	在用户名和密码文本框中，分别随意输入由数字、英文、特殊字符组成的混合字符串，单击"登录"按钮	弹出"用户名和密码无效！"提示	

不熟悉测试用例的读者在看了表 5-1 之后，应该对测试用例有了直观的认识。

什么是测试用例？在《系统与软件工程　系统与软件质量要求和评价（SQuaRE）第 51 部分：就绪可用软件产品（RUSP）的质量要求和测试细则》（GB/T 25000.51-2016）中，测试用例是这样定义的：为某个特定目标而开发的输入、执行条件以及预期结果的集合。换句话说，为了达成某个测试目标，在满足一定的条件下，测试用例是由一系列明确的输入与输出数据组成的元素集合。测试用例的元素包括但不限于测试用例标题、输入数据、预设条件、操作步骤、预期结果。

5.1.2　测试用例在测试人员心中的地位

在《微软的软件测试之道》一书中，作者 Alan Page 提到：测试用例是测试人员的中心世界。作者当时看到这句话后，颇有同感，相信很多测试同行也一样。如果把测试工作的每一项输出当成一个工件，那么测试用例无疑是分量最重的工件。

对于测试人员，测试用例犹如开发人员编写的代码。在编写代码时，开发人员根据业务需求，选择不同的编程语言或组合，包括 C、C++、C#、Java、Python 和 JavaScript 等，并通过编译把代码构建成可运行的软件。而测试人员通过测试用例在软件上进行人工或自动的操作，不断确认软件实现的正确性和可靠性，从而评估用户需求的完成情况。图 5-1 是用户需求实现与验证封闭关系图，它展示的是一种以"用户需求"为中心，从"软件实现"和"测试验证"两个方面封闭需求的工程实践模型。

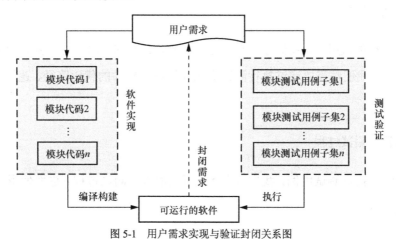

图 5-1 用户需求实现与验证封闭关系图

可以说，测试用例就是为代码而生的。编写代码是把用户需求软件化，而测试用例紧紧围绕需求，验证代码的实现是否符合用户需求，它们都是为用户的需求服务的。测试用例就像一根探针，软件犹如一个机器人。我们通过探针，利用各种参数，探查机器人是否工作正常（见图 5-2）。同理，我们通过测试用例，利用各种数据，测试软件是否存在 bug。

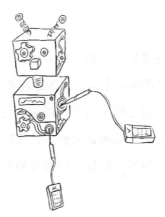

图 5-2 利用探针探查机器人示意图

111

5.1.3　测试用例的作用

对于测试工作，测试用例是重要的输出。编写测试用例是测试工作的基本功。另外，测试用例的编写是面试时经常被提及的问题，面试官可以从应聘者的回答中了解他的测试工作水平。那么，测试用例到底有哪些作用呢？

（1）评估软件质量

只有通过执行测试用例，我们才能有效地评估软件的质量。对于这一点，无论采用何种方式编写测试用例，我们都需要通过执行测试用例才能覆盖软件的代码路径、逻辑，从而真正评估软件的质量。

（2）科学管理测试过程

通过有计划地执行测试用例，我们可有序、可控地管理测试过程，进而使得测试工作变得可见、可量化、可重复。

（3）建立自动化测试的基础

就功能测试自动化而言，我们一般以功能测试用例为规格，进行脚本化，从而实现自动化执行测试用例。尽管自动化测试方向有很多，如单元测试自动化、函数接口自动化和性能测试自动化等，但谈及自动化测试，多指功能测试自动化。

（4）形成测试用例库

在编写测试用例前，我们需要先进行测试的分析与设计，包括为什么要编写这条测试用例、采用什么测试方法、测试思路是什么、测试过程如何、如何判断正确与否等。然后，我们可以根据分析和设计结果，编写相应的测试用例。这一系列过程凝聚了测试工程师的智慧和能力。一条条测试用例累积而成测试用例库，它除在后续验证软件的质量时进行复用以外，还是团队成员之间相互学习、借鉴，特别是新员工学习业务知识、积累测试用例编写经验的宝贵资源。

5.2 测试用例编写的现状

测试用例的设计与编写是测试人员工作的重中之重，如同开发人员对程序的设计与编写。对于测试用例的规范化编写，互联网社区中讨论的人不少，但仍以碎片化信息居多。当下，对于功能测试用例的编写，可以说是没有门槛的，好像谁都可以参与。于是，你会看到五花八门的测试用例的描述，有些测试用例的描述如同记叙文，有些测试用例的描述直接抄写了用户需求，有些测试用例的描述口语化严重，甚至带有个人感情色彩。这样，测试用例的可读性、二义性和可执行性等问题就自然产生了。不同人对同一条测试用例的理解不一，执行时就会产生不同的测试结果，例如，对于同一条不规范的测试用例，有些人可以从中发现问题，而有些人发现不了，从而产生"缺陷逃逸"。

5.2.1 测试用例印象

作者常常在想，采用自然语言编写测试用例的确灵活，给编写人员的发挥空间很大，但会带来事情的另一面——随意性强。那些带有主观色彩的随意性表达，在缺少测试用例评审和相关工作机制约束的情况下，可能会带来一系列测试用例方面的问题，包括可读性、二义性、可执行性、可维护性和可复用性问题。

关于测试用例的表达问题，业界不少测试人员认为此问题太过具体，属于测试团队内部需要解决的事情。作者曾经与一些测试专业人士探讨过此话题，他们普遍认为测试用例的表达与业务结合太紧密，不具有代表性，研究的意义不大。但在实际工作中，我们会发现，测试用例如同我们每天喝的白开水，出现频繁，看似平淡，但很重要。关于"测试用例表达"的问题，我们每天可能都会遇到，总想解决它，可面对项目的交付压力，它的优先级总会被排在后面，我们总觉得缺少一个契机。另外，它也不是那么容易解决的，特别是，团队的规模越大，就越难以解决。

当 Sherry、Carl 和作者坐在一起讨论"测试用例表达"的问题时，大家总是感同身受。Sherry 有多次 FDA 到厂审核的经历。按照她的说法，她们在测试用例编写乃至测试记录的表达上确实做了不小的改变。下面是她讲述的关于测试用例的故事。

5.2.2　测试用例与 FDA 审核

医疗器械产品想要通过 FDA 认证，并不是一件容易的事。软件测试的验证记录是产品的设计实现是否符合用户需求的重要凭证，无论产品申请 FDA 注册，还是注册通过后 FDA 认证人员到厂例行审核，它都是必审的重点对象。

Sherry：FDA 认证对测试用例、测试记录的要求非常严格，甚至是苛刻。那是多年前的一个下午，FDA 审核人员坐在我们公司的会议室中，我作为软件测试方向的代表也同时出现在会议室中。FDA 审核人员会提出软件测试相关问题，如果我们能够迅速回答（当时的要求是每个问题需要 3 分钟之内回答），并找出应审项目的验证记录（数据），那么证明我们的说法是有效的、充分的。其实，我们当时并不清楚审核人员的审核逻辑，也就是不清楚他们提出的问题是从用户端递向反馈的 bug 出发，还是从需求到设计，再到验证的正向逻辑出发。尽管我们的准备已相当充分，但还是有些紧张。

在会议室中，Sherry 所在公司的每个专业方向的代表都在认真地回答着审核人员的提问。审核人员查看试剂专业方向的设计方案时，于是问到试剂（一种化学试剂）有效期的问题。

审核人员：试剂存在过期风险，当试剂过期时，产品的设计上是否有明确的用户提示和相关的使用限制？

软件开发方向的代表：有的，这个需求实现了。

应审负责人：这个问题可以由软件测试方向的代表补充回答。

Sherry 在头脑中快速回顾了一遍测试记录所在的位置、PDF 文档编号、查找方法，然后作出回答。

Sherry：有的，验证记录在 XX 文件夹的测试报告中，请打开。

几秒后，测试报告被陪审秘书打开。

Sherry：请查找"有效期"这个关键词。

陪审秘书通过关键字"有效期"找到了 20 多条关于试剂有效期验证的测试记录。审核人员看后，连续问了 3 个问题。

　　审核人员：在 1001 号测试用例的测试结果中，X1 和 X2 分别代表什么？它们的值各是多少？试剂 A 是产品中宣称的试剂吗？

　　Sherry：我当时确实被问倒了，于是专心去看他们提到的那条测试用例，看看到底出现了什么问题。我给你们展示一下当初那条测试用例的测试记录（见表 5-2）。

表 5-2　实测结果存在问题的测试用例

测试用例编号	测试用例标题	预设条件	操作步骤	预期结果	实测结果	测试结论
1001	在样本测量中，试剂有效期过期	1）仪器处于样本测量的"就绪"状态； 2）试剂 A 的有效期：X1； 3）设置仪器的当前日期：X2，当前时间：23:59	1）准备好样本，并将它放到测量装置中； 2）单击"开始"按钮； 3）2 分钟后，检查软件界面的显示情况	1）仪器自动推入样本到测量装置中； 2）当前软件界面中的数据清空，状态显示为"测试中"； 3）自动弹出"试剂 A 已过期，当前测试结果是否保存？"提示	X2=X1−1； 2 分钟后，自动弹出"试剂 A 已过期，当前测试结果是否保存？"提示	通过

　　当时，Sherry 用大约 1 分钟的时间快速读完此测试用例及记录，终于明白问题出在什么地方了。对于此测试用例，测试人员当时确实没有把表示 X1 和 X2 的数据记录下来。按照 FDA 审核的逻辑，没有数据记录就等于没有验证。Sherry 心里还是有数的，她认为，虽然测试记录中的数据不明确，但不等于整个报告是无效的。于是，她想要多争取一点时间。

　　Sherry：对于此处的记录问题，我需要先向相关人员确认，再回答，可以吗？

　　Sherry 争取的延迟回答的时间最多只有半天。Sherry 对团队的测试工作始终充满信心，很快找到了原始的测试用例及测试记录，足以证明试剂有效期验证的有效性。同时，Sherry 也承认测试用例执行时的记录方面存在疏漏，并进行了改进。最后，FDA 审核通过了。

　　Sherry 所在公司的大部分产品销往美国，按照她的老板的说法，平时的工作就应当以 FDA 的要求来进行。FDA 审核成为一个很好的契机，Sherry 所在公司在测试用例设计、规范执行记录、规范执行的审核、测试用例管理工具自动化审核等方面进行了较大的改进。

5.2.3　测试用例的常见问题

在编写测试用例时，测试人员普遍采用自然语言进行表达，测试用例表达很大程度上会受编写者的主观因素的影响。不像程序代码，用自然语言编写的测试用例缺少编程语言语法、词法检测方面的约束。即使同一测试场景，不同编写者写出的测试用例也良莠不齐。因此，测试用例中经常出现下列 5 种问题。

（1）可读性问题

测试用例的可读性问题是指测试用例的表达晦涩、理解困难，包括语句不通顺、口语化严重、用词不严谨和不专业。测试用例的使用者需要根据上下文猜测编写者想要表达的意思，这容易产生误读问题。

（2）二义性问题

测试用例的二义性问题是指测试用例表达的意思模棱两可，容易产生歧义。例如，测试用例的操作步骤中使用"单击"进行表达，而实际的使用场景中是"右键单击"，测试人员如果将此处的"单击"理解为"左键单击"，那么会发现这项功能没有实现。

（3）可执行性问题

测试用例的可执行性是指测试人员按照测试用例的要求在软件上操作时是否顺畅无阻。常见的问题如下。

1）测试用例中指定要使用特定的硬件设备和软件工具，但测试人员不知从何获取。

2）测试用例的执行需要模拟特定的条件，如温度、压力等，但测试用例中并没有给出明确的模拟方法。

3）执行测试用例时需要业务功能的大量数据，但测试用例未明确如何构造这些数据。

（4）可维护性问题

测试用例的可维护性主要是指，在测试用例编写完成后，一旦需求有变化，测试用例修改的难易程度。例如，需求中只修改了一个数据，但测试用例中用到此数据的所有操作步骤都需要修改。

（5）可复用问题

测试用例复用是指对一个软件已执行的测试用例，将它不同程度地应用于该软件新阶段的测试中或其他软件的测试中。测试用例的可复用问题是指，在设计测试用例时，没有考虑该测试用例是否需要用在该软件新阶段的测试中或其他软件的测试中。这给后续想要复用测试用例的测试人员带来了很大的难度。

5.3 测试用例的结构

作者参加过多种类型软件的研发工作，审核过不同风格的测试用例。同样在软件测试领域工作多年 Sherry、Carl，在与作者探讨测试用例的编写时，似乎总有说不完的话。在工作中遇到 bug 时，我们总是第一时间想要从庞大的测试用例库中查找对应的测试用例，然后将它作为解决问题的突破口，但是经常遇到查找麻烦或找不到的问题。下面是 Sherry 分享的一则关于查找测试用例的故事。

5.3.1 费劲找测试用例的故事

Sherry：有一天，有位客户反映我们的软件存在 bug，即在选择 A5 纸张格式打印检测样本的报告单时，参数结果的单位出现错行。我第一时间判断这属于漏测问题。为什么会漏测？我决定回溯当初的整个测试过程。首先，我需要弄清楚"是存在对应的测试用例但执行不到位，还是没有设计对应的测试用例"这个问题。于是，我登录 TestLink 测试用例库，按照自己对项目的业务理解，在现有测试用例库中查找。我发现，测试用例的结构树中的名称有些用的是业务功能模块名称，有些用的是内部称呼的测试方法名称。另外，尽管测试用例的结构树看起来有层次关系，但其逻辑并不清晰。我在测试用例库中找了近 2 个小时，仍然没找到相关的测试用例。于是，我变换了查找方法，利用 TestLink 中的测试用例内容、编写者、修改者、时间范围等关键字信息进行查找，但还是未能找到可以复现此 bug 的相关测试用例。

作者：非常理解，因为这种场景我也经历过。我们相信这不是个别现象，而是目前测试领域广泛出现的问题。

Carl：说到测试用例的结构问题，我认为它不仅体现在测试用例框架结构的设计方面，测试用例内容的编写者也有责任。我发现，不少测试人员面对项目的交付压力，在获取需求后，不进行详细分析，直接填写测试用例内容。测试用例写了很多，但执行结果并不好。而且，在后续进行交叉测试时，其他测试人员还会抱怨测试用例的可读性、可执行性和可维护性差。

作者：确实如此。

测试用例的设计和编写直接影响测试的质量与效率。测试用例的设计包括测试用例框架结构的设计和测试用例元素结构的设计。测试用例的编写主要是指对测试用例本身内容的组织与表达。

接下来，我们从 3 个不同方向介绍测试用例框架结构的设计。

5.3.2　以业务功能模块为主线的测试用例框架

在工程实践中，对产品的业务进行功能测试通常是重要且有效的质量保障手段，其中功能测试用例的设计是重中之重。对于功能测试，以业务功能模块为出发点组织测试用例是很多测试人员采用的方法。但因缺少一些规范和方法，很多项目的测试用例的结构一开始还是有序的，但随着项目模块的增加，人员的变化，测试用例的结构变得混乱，维护变得困难，导致很多测试人员宁可重新编写测试用例也不想继续维护混乱的测试用例。

图 5-3 是以业务功能模块为主线的测试用例框架结构示意图，其中，有底纹的部分表示可以进行拆分，属于并不固定的分解项。根据业务功能模块的复杂度，我们可以将它向下分解 1～4 层（图 5-3 的 A 功能模块向下分解了 4 层）。如果拆分的层级太多，划分得太细，那么会给后续的过程管理，以及测试用例的查找和维护带来不必要的麻烦。例如，我们想要从测试用例结构树中查找某个测试用例，那么可能需要展开多个层级才能找到它。

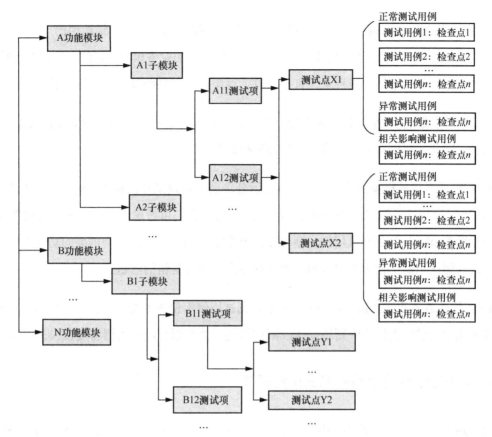

图 5-3　以业务功能模块为主线的测试用例框架结构示意图

　　图 5-3 中的"正常测试用例""异常测试用例""相关影响测试用例"旨在体现测试用例的全面性。它们是测试用例分类的标识，测试用例评审人员可以直观地感受到测试用例设计的充分性。在实际应用中，有些测试人员难以区分正常测试用例、异常测试用例和相关影响测试用例，其实它们有规范的定义。在实际应用时，我们还可以结合公司当前的业务环境和团队成熟度等，对这 3 种测试用例类型进行适当的调整或改进。

　　尽管一个项目立项后，其一级功能模块已基本定义完成，但二级功能、三级功能或更细化的功能是在开发过程的不断迭代中完成定义的，因此，以业务模块为主线的测试用例框架结构不太可能一蹴而就，这就需要我们在整个测试过程中不断完善。

　　下面是作者总结的 4 条实践经验。

1）在项目立项，测试用例库创建后，测试负责人搭建测试用例库结构中的一级目录。一般来说，项目的测试负责人更加了解项目，更加熟悉项目的业务模块。同时，我们需要明确规则，其他人不能随意增加一级目录，有需求时，可申请，但要经过相关方的同意。

2）关于测试用例框架结构的第二层、第三层等拆分，它们往往与各业务设计实现的技术方向相关，因此，我们需要进一步讨论后再进行拆分。

3）在测试用例的框架结构中，如果有些拆分项属于常规工作的标识性输入，如"测试项""测试点""正常测试用例"等，需要用到固定模式，那么我们可考虑由专门的工具自动生成（例如，若采用 TestLink 管理测试用例，则可在其上增加自动生成测试用例框架的功能），从而省去人工录入测试用例结构内容的时间，也可规避人工录入易错的问题。

4）在软件版本正式上线（对外）发布后，测试用例库便进入维护阶段。一旦有需求变更，我们需要在原测试用例结构中新增或修改测试用例，否则原有测试用例将慢慢失去价值。

5.3.3　以专项特性为主线的测试用例框架

对于用户，一个产品除有功能特性以外，还具有非功能特性，包括但不限于产品的可靠性、易用性、可维护性和安全性。对于非功能特性，用户不会像功能需求一样显式提出，或者不清楚如何描述。一旦使用产品时出现问题，用户可能就会抱怨。从需求角度来看，这是产品经理需要解决的问题。从守护产品质量的角度来看，这是软件测试时必须要关注的重要测试内容。

如果产品涉及生产工艺，如空调、洗衣机等，那么它们还有可制造性、可维护性等特性，而这些特性在验证软件的功能时往往容易被忽略。这些产品上市后，一般会根据用户的订单不断地批量生产，而所用到的原材料（物料）有时会因供应商的变化而变化。有些物料参数会对软件产生影响，如显示器，不同的显示器支持的分辨率将影响软件界面的显示效果；又如内置或外置的存储卡，更换后的存储卡的存储空间会影响软件的设计。特别是在嵌入式软件设计中，与产品配套使用的操作系统的升级、主板的换代、显示器接口的变化等，都会影响软件的设计。上面示例中均存在我们称为"物料替代"的验证工作。

对于上述非功能特性的验证，我们将它们统一纳入物料类专项测试范畴。除非功能特性的专项测试以外，一些具有软件工程特点的测试，如通信协议测试、文件安全性测试、操作系统兼容性测试、多语言测试等，统一纳入软件类专项测试范畴。这里，我们可以将非功能特性和软件工程特点统称为专项特性。与业务功能测试用例不同的是，这些专项测试的测试用例具有跨产品的平台化特性。因此，这些专项测试的测试用例的设计与功能测试用例的设计不同，二者的组织结构也不同。一条专项测试的测试用例通常适合多个产品。图 5-4 是以专项特性为主线的测试用例框架结构示意图。

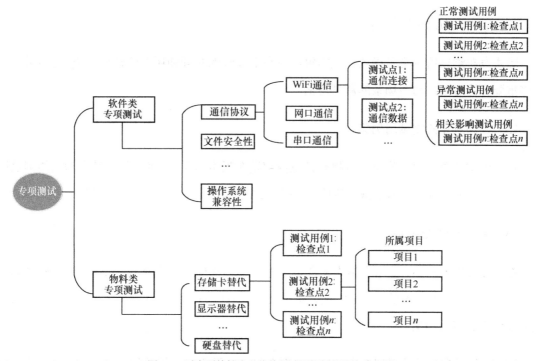

图 5-4　以专项特性为主线的测试用例框架结构示意图

在项目中具体应用时，因不同项目的业务不同，需要进行的专项测试的类别可能会不同，涉及的子项也可能不同。但就软件类专项测试而言，总有一些项目有共通的地方，如对通信协议的测试，因此，我们可考虑在这些项目中进行该类测试用例的复用。

在物料类专项测试中，对于同一物料的替代，如存储卡，它往往影响的不仅仅是一个产品，还可能影响多个产品。此时，我们需要考虑"一条测试用例如何在多个产品间共用"的问题。想要解决这类问题，我们往往需要结合测试用例库管理工具进行相关功能的定制开发。

5.3.4　以适用范围为主线的测试用例框架

产品的不同研发阶段对质量的要求不同，我们需要开发不同用途的测试用例集进行测试。

（1）公共测试用例集

公共测试用例集是指多个项目可共用的一套测试用例集。一般而言，当进行同类项目开发时，它们的大部分需求、代码是可以复用的，对应的测试用例自然也可以复用。

（2）版本发布测试用例集

版本发布测试用例集是指软件版本每次发布上线时都必须使用的测试用例集。它通常包括一些重要且针对基本功能场景的测试用例。

（3）冒烟测试的测试用例集

冒烟测试的测试用例集是指为提高开发内部发布版本的质量，确认软件基本功能的测试用例集（可由测试人员提供）。此测试用例集的颗粒度可以粗一些，通常覆盖用户常规场景即可。

（4）演示版测试用例集

在产品开发过程中，演示版是为配合市场的推广而发布的特殊版本，它能够满足软件功能的演示需要。对于此版本的确认，测试人员需要编写对应的特殊确认测试用例，这些测试用例组成演示版测试用例集。

同理，如果存在其他适用范围的版本，那么我们也需要编写相关的测试用例，并在测试用例框架结构中创建对应的测试用例管理目录。

5.4　测试用例元素的选择

在 5.2.1 小节中，我们曾提到"测试用例的元素包括但不限于测试用例标题、输入数据、预设条件、操作步骤、预期结果"。注意，输入数据不仅出现在预设条件中，有时还会出现在操作步骤中。而在工程化实践中，带有上述元素的测试用例除需要在被测系统中执行来寻找 bug 以外，还需要用来评估软件质量、工作效率等，以满足项目开发过程中不同角色不同阶段的需求。因此，在编写测试用例时，我们通常还需要填写测试用例的其他元素，如测试用例所属模块、优先级、测试方法等。测试用例的元素通常可自定义配置，测试人员可根据实际需求进行选择。

5.4.1 测试用例的核心元素

软件测试用例的编写是一个实践性很强的工作。幸运的是，业界积累了大量的优秀测试用例模板。在收集和分析这些优秀的测试用例模板后，我们不难发现，它们存在一些共通的地方，即都包含测试用例的预设条件、操作步骤、预期结果。预设条件、操作步骤、预期结果是一条测试用例不可或缺的核心三要素。如果我们类比计算机中输入与输出的逻辑关系，如图 5-5 所示，那么每一条测试用例执行的背后正是对应的软件代码的逻辑路径。

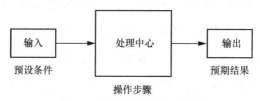

图 5-5 测试用例的核心三要素

为了方便理解与记忆，我们可以将测试用例的核心三要素记为 IPO（Input-Process-Output）。其中，Input 指代预设条件，Process 指代操作步骤，Output 指代预期结果。

5.4.2 常见的测试用例元素及应用

关于常见的测试用例元素及应用，我们看一下 Sherry 和 Carl 的分享。

Sherry：对于测试人员，测试用例中的元素是值得一谈的。我刚开始编写测试用例时，经常直接参考同事已编写完成的 Excel 表形式的测试用例模板并进行修改，我认为这是效率较高、学习成本较低的一种方式。你们可以看一下我当时使用的测试用例模板的表头（见表 5-3）。

表 5-3　测试用例模板的表头

测试用例 ID	所属模块	测试项	测试用例标题	预设条件	操作步骤描述	预期结果	软件需求规格 ID	设计者	设计时间

Sherry：这个测试用例模板的表头中有 10 个元素。除核心三要素（预设条件、操作步骤和预期结果）以外，还有 7 个元素。这 7 个元素都有不同的用途，它们也都属于测试用例管理的属性。在项目中实际使用时，我发现，这 10 个元素之中的 6 个是大部分测试人员都会坚持填写的，你们可以看一下（见表 5-4）。

表 5-4　大部分测试人员都会坚持填写的测试用例元素

测试用例 ID	测试用例标题	预设条件	操作步骤描述	预期结果	设计者

Sherry：为什么是这 6 个元素呢？除去核心三要素，其实这与当时我们将 Excel 作为测试用例管理工具有关。对于"测试用例 ID"，我们要求每一条测试用例在测试用例库中都是唯一的，方便引用和工作交流。"测试用例标题"是对测试用例的测试内容的简要描述，阅读者无须深入了解，即可从标题中看出测试目的。对于"设计者"字段，一方面，可明确测试人员输出的测试用例数，另一方面，他人后续使用测试用例时可以向原设计者咨询。

Carl：我刚加入 A 公司时，该公司的项目团队已经使用自主研发的工具统一管理测试用例。工具中的测试用例元素包括"测试用例标题""预设条件""操作步骤""预期结果""测试用例等级""执行方式""设计者""设计时间"等，它们是可配置的，元素值是可定义的。例如，"测试用例等级"可以是 1 ~ 4 级，每个级别的含义可自定义。在使用测试用例管理工具时，"测试用例 ID"是自动生成的，但用户可以设置递增规则，便于管理。例如，测试用例索引 ID 使用软件需求规格 ID 前缀，这样，在测试用例编写并保存后，工具便可自动产生测试用例与需求的索引关系，这是我们的优秀实践案例之一，你们可以看一下（见表 5-5）。

表 5-5　需求与测试用例的自动追溯关系表

软件需求规格 ID	测试用例索引 ID	说明
SRS-Tel-1	SRS-Tel-1-TC-001 SRS-Tel-1-TC-002 … SRS-Tel-1-TC-00n	
SRS-Tel-2	SRS-Tel-2-TC-001 SRS-Tel-2-TC-002 … SRS-Tel-2-TC-00n	软件需求规格 ID 的规则：需求类别-业务模块-功能点编号。 测试用例索引 ID 的规则：软件需求规格 ID-测试用例 ID。在新增测试用例时，工具自动对测试用例编号进行规则化。 测试用例索引 ID 实例解析：软件需求-通信录模块-通信录编辑功能点编号–测试用例 ID
…	…	
SRS-Tel-n	SRS-Tel-n-TC-001 SRS-Tel-n-TC-002 … SRS-Tel-n-TC-00n	

　　Carl：测试用例的"设计者"和"设计时间"也是工具根据登录用户信息与测试用例保存时间自动生成的。测试用例的设计时间可以精确到秒，我想这是工具的一大优势。原先集成在 Excel 中用于内部测试用例管理的一些元素现在改为由工具自动完成填写。

　　Sherry：是的。利用 Excel 管理测试用例是我们公司发展早期测试人员所走过的路，是团队成长的一个见证。后来，随着团队规模的扩大，利用 Excel 管理测试用例的弊端不断出现，如"测试用例 ID"出现重复问题、测试用例的修改没有任何记录、团队没有测试用例版本的概念，这给测试用例的过程管理带来了诸多麻烦。后来，我们引入了开源的测试用例管理工具 TestLink，通过树形结构对测试用例进行科学管理，即采用以业务功能模块为主线的测试用例框架。TestLink 可以帮助我们自动填写 Carl 刚才提到的"设计者""设计时间"等元素。另外，Excel 中的"所属模块""测试项"的从属关系问题也在 TestLink 得到了有效解决。

　　作者：测试用例管理工具确实给我们的工作带来了很大的变化，特别是带来了工作效率的极大提升。Sherry，在你们公司原来使用的 Excel 形式的测试用例表中，有一个"软件需求规格 ID"元素，它是如何应用的呢？

　　Carl：我也注意到了这个元素。它的出现似乎体现了从测试用例到需求的反向追溯？

　　Sherry：二位不愧是有经验的测试人员。其实"软件需求规格 ID"元素的出现是有故事的。

5.4.3　测试用例元素的扩展

对于软件测试的工程化，作者一直认同"从实践中来，到实践中去"观点。在工作中面对不同的项目时，我们在测试用例的设计与编写方面应该根据实践情况进行灵活调整，包括一些细节上的变化。例如，在编写测试用例时，测试用例元素的扩展就是灵活调整的具体体现。在这个方面，Sherry 有相关经历，接下来是她的分享。

Sherry：我们公司生产的医疗器械产品大部分销往国外。销往美国的此类产品必须通过 FDA 认证。认证要求清单中有一个称为"需求确认与验证追溯表"的文档，它要求每一个需求点都要有严格的验证方案及验证记录。我来画一下需求到测试用例的追溯关系（见图 5-6）。

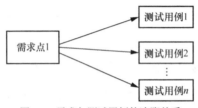

图 5-6　需求与测试用例的追溯关系

Sherry：当时，我们的软件需求采用 Word 文档管理。在测试人员根据需求设计测试用例时，我们要求他顺便把"软件需求规格 ID"写到对应的 Excel 表中，以便后续能够快速提取测试用例到需求的反向追溯关系。在实际工作中，我们遇到一个现实的问题，即并不是每个设计出来的测试用例（有些测试用例是测试人员根据经验设计出来的）都有需求对应，或者说，测试用例的数量大于可以覆盖需求的测试用例。我来画一下测试用例到需求的反向追溯关系（见图 5-7）。

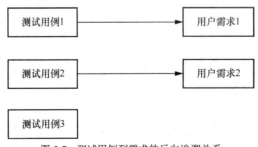

图 5-7　测试用例到需求的反向追溯关系

Sherry：关于测试用例到需求的反向追溯关系，项目团队中不少同事，包括项目经理、独立质量审计（QA）人员等，并不能完全理解，甚至有些人会问"没有需求，何来的测试用例？"我们曾花费不少时间向他们解释。其实，背后的原因有下列3点。

1）覆盖项目的隐含需求。项目存在隐含需求，如需求中提到采用某算法求值，求值的计算公式中包含除式，因此，我们还需要设计验证"分母不为0"的测试用例，而需求中并不会明确此点。

2）覆盖项目的设计需求。测试用例除覆盖用户需求以外，还需要覆盖设计需求。例如，概要设计方案中提到应用软件采用SQLite数据库进行数据的存储，测试人员在分析了设计需求后，提出需要对SQLite数据库的读写进行性能测试，并设计了相关的测试用例。

3）覆盖历史bug。在设计测试用例时，我们通常借鉴历史项目的经验，如通过增加一些测试用例来专门验证之前出现过的bug。尽管这些bug重复出现的概率很小，路径也可能并不常见，但如何规避重复出现的问题，特别是用户端反馈的问题，是测试人员必须考虑的控制质量风险的要素。

Carl：总结到位。

作者：从管理角度来看，无论是需求到测试用例的正向追溯，还是测试用例到需求的反向追溯，都是相当重要的，它们对守护软件的质量有重要意义。

5.5　测试用例编写规范

测试用例编写规范主要解决测试用例结构设计，以及测试用例内容编写的规范问题。关于测试用例结构设计，5.3节已有详细介绍，本节主要讲述测试用例内容编写规范。

5.5.1　测试用例编写的思路

当一个测试团队同时服务于多个项目时，对于测试用例的编写，团队成员应该在宏观上有统一的思路，这样大家就可以朝一个方向前进。

　　通过多年的摸索与实践，作者提供一个可行的测试用例编写思路：以自动化测试为方向，采用简单化、条理化、科学化的语言表达测试用例内容，让熟悉或不熟悉业务的人都能轻松地执行测试用例，且测试结果一致。

　　（1）简单化

　　简单化是指使用简洁明了的语言表达测试用例的内容。特别是测试用例执行成功的条件、动作要显式表达。在编写测试用例时，一些测试人员经常写出笼统、模糊或可能产生误导的文字，测试用例阅读者可能需要花费时间去猜测，很有可能产生误读问题。图 5-8 是手机中"新建联系人"界面，我们结合这个界面举例说明。

图 5-8　手机中的"新建联系人"界面

现在假定有两个测试人员，分别叫小 A 和小 B。两人分别针对"新建联系人"检查点编写了测试用例，我们来看看输出结果。为了便于讲解，我们在本例中仅选择 4 个测试用例元素（预设条件、操作步骤、预期结果、实测结果），其他元素暂且忽略。表 5-6 是小 A 编写的"新建联系人"测试用例。

表 5-6 小 A 编写的"新建联系人"测试用例

测试用例标题：新建联系人 设计人：小 A

预设条件	操作步骤	预期结果	实测结果
已进入新增电话界面	输入姓名为中文，公司为空，电话号码为 11 位数字，电子邮箱为私人邮箱，备注中输入一串由字母、汉字和数字组成的信息	姓名为中文，公司为空，电话号码为 11 位数字，电子邮箱为私人邮箱，备注为一串由字母、汉字和数字组成的信息	姓名为中文，公司为空，电话号码为 11 位数字，电子邮箱为私人邮箱，备注为一串由字母、汉字和数字组成的信息

表 5-7 是小 B 编写的"新建联系人"测试用例。

表 5-7 小 B 编写的"新建联系人"测试用例

测试用例标题：新建联系人 设计人：小 B

预设条件	操作步骤	预期结果	实测结果
已进入"新建联系人"界面	1）单击"姓名"编辑区，输入中文姓名； 2）单击"公司"编辑区，输入公司中文名称； 3）单击"电话号码"编辑区，输入 11 位数字的手机号码； 4）单击"电子邮箱"编辑区，输入合法有效的电子邮箱地址； 5）单击"备注"编辑区，输入由字母、汉字、数字和特殊字符组成的一串信息； 6）单击右上角的"√"图标按钮； 7）在保存后的界面中，查看之前输入的信息	保存后的姓名、公司、电话号码、电子邮箱、备注中的值与输入的值一致；	1）姓名：小李； 2）公司：深圳***软件技术有限公司； 3）电话号码：139********； 4）电子邮箱：softtest@example.com； 5）备注：小李 is 测试人员 1@软件公司

我们不难发现，小 B 使用简单、明了的语言编写了测试用例，而小 A 编写的测试用例文字笼统，更是缺乏严谨性。

（2）条理化

条理化是指测试用例的内容的层次和逻辑清晰、井井有条。小 B 编写的测试用例的内容在条理化方面的表现较好。

（3）科学化

科学化是指尊重客观事实，并以事实为出发点，严谨地表达测试用例的内容。我们不要仅凭经验进行主观描述，而是要努力寻找客观事实中存在的规律，以自动化、智能化为方向表达测试用例内容，即如何表达测试用例的内容才可以让它实现自动化，甚至智能化。

细心的读者可能已经发现，小 A 对"预设条件"的表达为：已进入新增电话界面，而小 B 的对"预设条件"的表达为：已进入"新建联系人"界面。

对于进入同一界面的描述，二人有不同的表达。我们回头再看看图 5-8，界面左上角显示的是"新建联系人"，显然，小 B 从客观事实出发对"预设条件"进行了严谨的表达。

关于如何表达测试用例的内容才可以让它实现自动化，我们会在测试用例简语（5.5.4 节）、测试用例宏（5.5.5 小节）中详细介绍。关于进一步智能化生成测试用例的话题，已超出本书的讲解范围，但作者认为它是值得我们研究的主题。

通过在多个项目的应用，作者相信上述测试用例编写的思路对测试人员编写测试用例内容是有正向引导作用的，但仅有理论指导，还是远远不够的。例如，作者发现并不是每个测试人员都能对"自动化的测试思路"理解到位，一些测试人员不清楚这个思路到底是什么思路，于是对简单化、条理化的应用产生偏差，对科学化的把握更是困难。为了更好地让上述测试用例编写的思路落地，我们需要不断总结存在的问题，并不断解决它们，从而形成一套适合我们的产品系列的测试用例编写规范。

5.5.2　界面语

对于业务功能测试，在向软件系统输入数据后，我们通常视觉检查 UI（User Interface）上的输出是否符合预期。界面的输出包括但不限于界面上显示的字符串、数据、控件及其状态，其中界面上显示的不同字符串（除去软件内部逻辑处理后的数据、用户输入的数据）为厂家在软件开发时内置的内容，我们不妨称它们为组成测试用例的界面语。

为了便于读者理解，我们继续以图 5-8 所示的手机"新建联系人"界面为例，此界面对应表 5-8 所示的电话本程序界面语表。

表 5-8 电话本程序界面语表

ID	中文	英文
IDS-ADDCONTACTS	新建联系人	New contacts
IDS-SAVE	保存至:	Save as to:
IDS-MOBILEPHONE	手机	Mobile phone
IDS-SYNC-TO-CLOUD	仅保存在手机，开启云空间可同步	Start synchronization to cloud space when save as to mobile phone only
IDS-NAME	姓名	Name
IDS-COMPANY	公司	Company
IDS-PRIVATE	私人	Private
IDS-MEMO	备注	Memo
IDS-GROUP	加入群组	Add group
IDS-ADDMORE	添加更多项	Add more item
IDS-TELPHONE	电话号码	Telephone number
IDS-EMAIL	电子邮箱	Email

在设计测试用例时，软件测试人员主要根据软件需求编写测试用例内容，测试用例内容的编写离不开软件界面的输出。为了确保每个人编写的测试用例遵循统一的思路，达成测试用例内容的客观、严谨，我们有必要定义统一的引用关键词规则。

表 5-9 是以图 5-8 所示的手机"新建联系人"界面为例，测试用例中引用关键词进行表达的范例。

表 5-9 测试用例中引用关键词进行表达的范例

序号	关键词	表达方法	合规使用举例	不合规使用举例
1	字符串	采用""或<>表达	进入"新建联系人"界面； 进入<新建联系人>界面	进入新建联系人界面； 进入新增联系人信息对话框
2	数据或值	程序的输出，统一采用JSON 语法中键值对（Key:Value）的格式进行表达	姓名：张三； 电话：136********；	界面显示姓名为张三的电话是136********
3	功能控件（按钮、单选按钮、复选框、编辑区等）	采用单击+""（双引号）表达	单击"√"图标按钮； 单击"保存"按钮	单击确认、点确认、击确认、双击确认、确认保存等
4	功能控件状态	采用"激活""灰显""高亮"表达状态	在内容为空时，"√"图标按钮为"灰显"状态	在记录为空时，对钩按钮为未激活状态，保存按钮为未使能状态

在工作中实际应用时，我们可根据项目实际情况，识别需要使用的关键词，找到合适的统一的表达方法。

有些读者可能会问，测试用例中引用软件界面上的字符串和功能控件等，为什么还要使用一定的表达方法进行标识呢？会不会显得多余？实践告诉我们，统一规则（或规范）是解决前面提到的测试用例二义性和可执行性等问题的必由之路，也为测试用例编写的合规检查自动化打下基础。

5.5.3　测试用例变量

在编写测试用例时，我们经常遇到测试用例中将会用到的数据是可变的、不确定的情况，而且有些可变的数据之间还存在某种关系。此时，为了便于表达，我们会对这些变量进行命名，如 X、Y、Z，或者 X1、X2、X3，抑或数据 1、数据 2、数据 3，等等。

关于变量的命名，常见的编程语言都有自己的规则要求。例如，在 C 语言中，采用标识符命名规则对变量命名，并规定标识符只能由字母、数字和下画线 3 种字符组成，且第一个字符必须为字母或下画线。测试用例中使用的变量，可参考 C 语言的变量命名方法，再根据业务的特性进行裁剪或扩展。

表 5-10 是常见的测试用例变量的命名范例。

表 5-10　常见的测试用例变量的命名范例

序号	变量名	定义要求	合规使用举例	不合规使用举例
1	通用类	选择对应的英文单词作为标识符，做到"见名知意"	日期：Date； 时间：Time； 姓名：Name； 参数：Param； 数值：Num； 在需要多个同类变量时，末尾使用数字，统一采用"英文单词+数字"格式，如 Num1、Num2、Num3 等	无论对于什么变量，均笼统地定义为 X、Y、Z 等，或 X1、X2、X3 等（没有体现变量的具体含义）
2	业务类	对于与业务紧密相关的变量，内部统一规则，命名同样要让使用者"见名知意"，有时可能使用缩写或专业术语	例如，对于医疗器械产品领域专用的质控品，当测试用例中用到不同的质控品时，内部可统一将它们命名为 QC1、QC2 等	无论对于什么变量，均笼统地定义为 X、Y、Z 等，或 X1、X2、X3 等（没有体现变量的具体含义）
...	...	...	...	...

5.5.4 测试用例简语

在软件开发过程中，我们经常宣称"拥抱需求的变化"，但面对需求的反复变化，无论是开发人员还是测试人员，都有很大的版本交付压力。

图 5-9 是项目经理与程序员针对需求变化需要修改软件的对话场景图。

图 5-9 客户需求天天改

面对不断变化的用户需求，产品研发人员要高质量实现。对于此类我们无法改变的用户需求的变化，我们是否可以采取一些我们擅长的技术手段来减少这种不确定的变化带来的工作量呢？Sherry 给我们分享了一个案例，也正因为这个案例，他们总结出了测试用例的"简语"。

1. 测试用例简语的产生

Sherry：大约 5 年前，我们公司当时正在开发一款微生物检测仪，由于开发周期短，需求变化频繁，加之团队成员大多为新人，因此产品交付压力特别大，团队成员经常加班加点。作为该项目团队的负责人，我实时跟进此项目及测试人员的工作。有一天，在得知因某个功能点的需求增加了一句话，项目要往后推迟两天时，我感到诧异。在我的认知中，修改测试用例及执行测试最多就是半天时间，团队成员通过内部调整测试策略即可"消化"，项目无须延期。但是，出于谨慎，我还是决定进一步了解详情。

小 A 是负责该特性测试的测试工程师，Sherry 首先找他了解情况。

小 A：需求的变化确实不大。根据客户的要求，硬件方向人员把原来的普通显示屏换成触摸屏，而我们需要修改了一处屏幕提示语。

原来的屏幕提示语如图 5-10 所示。

图 5-10　修改前的屏幕提示语

修改后的屏幕提示语如图 5-11 所示。

图 5-11　修改后的屏幕提示语

Sherry：仅是屏幕提示语有变化吗？

小 A：是的。这看上去的确很简单，可我为什么评估了两天的工作量呢？考虑如下。

1）修改测试用例。由于仪器休眠是一个全局功能，测试用例分布在各功能模块中，因此，需要在各模块的测试用例树中查找（测试用例在 TestLink 的树形结构中进行管理）。另外，各模块的测试用例的设计者不同，对相同输出的表达不一，已发现的可归纳为以下 3 种情况。

❑　情况 1，采用会意式的简略文字表达，测试用例：进入休眠。

❑　情况 2，采用会意式文字+详细的解释性文字表达，测试用例：进入休眠，黑屏提示"休眠中…，按任意键退出休眠"。

❑　情况 3，采用会意式主观语言表达，测试用例：进入休眠状态，屏幕弹出休眠提示，仪器进入休眠，显示休眠中提示。

我需要到各模块下找到这些测试用例，并逐条修改。根据目前的评估结果，涉及进入休眠的测试用例有 128 条，修改时间需要 1 天。

2）执行测试用例。我对这 128 条测试用例进行修改后，还需要执行它们并填写执行记录。另外，我还要进行 13 种语言（英语、德语、法语、俄语等）翻译文字显示的确认。因此，执行测试用例和翻译文字显示的确认工作共评估 1 天的工作量。

Sherry：你的工作量评估很细致，特别是还想到了翻译文字显示的确认。我完全理解和同意你评估的工作量。从测试的方法及后续测试用例的维护，乃至团队的整体工作平台建设角度来看，我们其实还有很多地方需要思考和改进。从你对测试用例的情况归纳中，我可以看出，无论是哪一种情况，都有一个共同的表达：进入休眠，后续其实都是测试用例编写者采用解释性文字或主观语言进行的表达，这一点是目前开发环境下难以控制的。我们能否将该类测试用例的描述简单地表达成"进入休眠"，并将它设计为"简语"，该简语还对应了统一规范的详细内容描述，后续其他测试人员在设计测试用例时可以直接使用该简语。这样，测试用例的设计者或阅读者可以通过单击测试用例表中的该简语的链接，跳转到简语表并查看详细内容。因为我们只在测试用例表中引用了简语，所以对简语表中简语对应的详细内容的修改，不会影响测试用例表，从而省去了修改相关测试用例的时间。

小 A：这个想法很好！根据这个想法，对于目前评估的 128 条待修改测试用例的修改，我需要与相关人员讨论，并达成一致。

Sherry：对！重要的是，在以后出现需求的变更时，我们只需要修改简语表，而无须修改相关的测试用例。

小 A：好！我建议首先在我们这个项目中试行。我来组织相关问题的讨论。

经过项目团队成员和测试用例管理工具团队成员的共同讨论，Sherry 负责的团队最后在下面两个方面达成了一致。

1）每个项目可定义自己的"简语"表。简语是全局的，是同类测试用例中反复出现的类似描述的简要描述。在简语定义后，它可以被各模块中的相关测试用例引用。

2）对测试用例管理平台 TestLink 进行二次开发，方便测试用例编写人员定义简语、引用简语。在测试用例中，对引用的简语设置链接，测试用例阅读者单击"简语"，即可跳转到简语表并查看对应的详细内容。

在 TestLink 支持简语定义功能后，不到 1 个月时间，Sherry 带领的项目团队已定义了 20 多个简语，合计有 1000 多条测试用例在引用它们。不到半年时间，其他项目团队也陆续采用此方法定义自己的简语表。Sherry 带领的团队在实践中定义的简语表如表 5-11 所示。

表 5-11　测试用例简语表

简语 ID	简语名称	详细内容	所属模块	最后修改者	最后修改时间	引用测试用例数
JY-0001	进入休眠	出现黑屏，界面中以白色字体显示"休眠中…单击屏幕，退出休眠"	全局	小张	2020-08-10 15:30	128
JY-0002	开机	1）打开电源； 2）界面中出现提示"仪器进行硬件、软件初始化…"； 3）自动弹出"用户登录"对话框	开关机	小李	2020-08-15 9:00	38
…	…	…	…	…	…	…

因为测试用例中需要引用简语，所以 Sherry 带领的团队对测试用例管理平台 TestLink 进行了相关功能的二次开发，包括实现简语的定义、修改，最后修改者的自动更新、引用简语的测试用例的数量统计等。在表 5-11 中，我们单击带有超链接的内容，可以查看对应的详细信息。如单击"引用测试用例数"列中的 128，可以查看引用"进入休眠"的所有测试用例；单

击"最后修改者",其实还可以查看所有修改该简语表的人员名单。

通过引用简语,不同的测试人员不必在同类测试用例中重复编写详细内容,节省了测试用例编写、维护的时间。同时,项目团队成员对软件的同一行为或结果有了统一规范的描述,提升了测试用例的可读性和可维护性,从而提高了团队的整体工作效率。

2. 简语的应用

我们在上文阐述了简语的产生背景和应用原理,接下来针对小 B 编写的测试用例(见表 5-7)应用简语进行优化。

在分析了小 B 编写的测试用例后,我们可对进入"新建联系人"界面的路径进行定义,如表 5-12 所示的"'新建联系人'界面"简语的定义。

表 5-12 "'新建联系人'界面"简语

简语 ID	简语名称	详细内容	所属模块	最后修改者	最后修改时间	引用测试用例数
JY-0001	"新建联系人"界面	在手机中,依次单击"电话本"→"联系人"→"+",添加联系人	电话本	小 B	2020-08-10 15:30	0

使用简语后的测试用例如表 5-13 所示。

表 5-13 使用简语后的"新建联系人"测试用例

测试用例标题:新建联系人   设计人:小 B

预设条件	操作步骤	预期结果	实测结果
已进入"新建联系人"界面	1)单击"姓名"编辑区,输入中文姓名; 2)单击"公司"编辑区,输入公司中文名称; 3)单击"电话号码"编辑区,输入 11 位数字的手机号码; 4)单击"电子邮箱"编辑区,输入合法有效的电子邮箱地址; 5)单击"备注"编辑区,输入由字母、汉字、数字和特殊字符组成的一串信息; 6)单击右上角的"√"图标按钮; 7)在保存后的界面中,查看之前输入的信息	保存后的姓名、公司、电话号码、电子邮箱、备注中的值与输入的一致;	1)姓名:小李; 2)公司:深圳***软件技术有限公司; 3)电话号码:139**** ****; 4)电子邮箱:softtest@example.com; 5)备注:小李 is 测试人员 1@软件公司

优化后的测试用例中引用了"'新建联系人'界面"简语(自动产生下画线),测试人员可随时通过简语的提示得到明确的路径,找到对应的界面,快速执行测试用例。

5.5.5　测试用例宏

下面是一段 C 语言中宏的定义及其使用代码，相信读者并不陌生，但宏的概念应用在自然语言编写的测试用例中，是怎么回事呢？

```
#include <stdio.h>
#define MAX_LEN 125
int main()
{
int Maxlen = MAX_LEN;
int Minlen = MAX_LEN - 100 ;
printf("The Maxlength is: %d\n", Maxlen);
printf("The Minlength is: %d\n",Minlen);
return 0;
}
```

在上述代码中，宏的作用很明显，当我们需要改变 MAX_LEN 的值时，可在宏定义处修改。在编译过程中宏展开时，MAX_LEN 会自动修改为当前定义的值，达到批量修改的效果。

我们在编写测试用例时，经常会设计针对边界值的测试。如果业务需求频繁变化，那么会涉及某些边界值范围的修改，这可能会引发测试人员批量修改测试用例，而这些测试用例通常分散在不同的功能模块中，这给测试用例的修改增加了工作量，而且可能改不全。根据 C 语言中宏的工作原理，我们是否可以将宏应用到测试用例的编写中呢？回答是肯定的。

下面是一个关于测试用例宏的应用案例。

假如，手机使用的环境温度有如下需求定义。

1）手机的正常使用有一定的温度范围，我们在这里区分开机温度与工作温度。

2）手机在工作温度范围内可以正常工作，工作温度范围为 0～35℃；当超出工作温度范围时，手机将自动提示"工作温度超限！"，以提醒用户。

3）当环境温度在开机温度范围内时，只能保证手机可以开机，但不能保证手机可以正常工作，开机温度范围为-20～45℃；当环境温度超出手机的开机温度时，弹出提示"开机温度超限!",以提醒用户。

根据上述需求描述,测试工程师小 C 设计的涉及手机环境温度的部分测试用例如表 5-14 所示。

表 5-14　手机环境温度测试的部分测试用例

测试用例标题	预设条件	操作步骤	预期结果	备注
工作温度为 0℃时,验证报警判断的正确性	当前环境温度为 0℃	1)打开手机; 2)手机放在环境温度为 0℃的地方; 3)等待报警提示	无报警提示	
工作温度为 -1℃时,验证报警判断的正确性	当前环境温度为 -1℃	1)打开手机; 2)手机放在环境温度为 -1℃的地方; 3)等待报警提示	手机屏幕中提示"工作温度超限!"	
工作温度为 35℃时,验证报警判断的正确性	当前环境温度为 35℃	1)打开手机; 2)手机放在环境温度为 35℃的地方; 3)等待报警提示	无报警提示	
工作温度为 36℃时,验证报警判断的正确性	当前环境温度为 36℃	1)打开手机; 2)手机放在环境温度为 36℃的地方; 3)等待报警提示	手机屏幕提示"工作温度超限!"	
...	...	...	...	

现在,因业务需求有变化,手机的工作温度范围变更为 5～40℃,开机温度变更为 -10～60℃。

此时,小 C 的烦恼来了。下面是 Carl 与小 C 的对话。

小 C:这个需求变更看上去很小,但我估计需要修改测试用例的 100 多处,而且这些数字性的边界值极容易输入错误。

Carl:如果已把手机的工作温度测试值写入测试用例中,那么涉及温度测试的所有模块中的测试用例也需要统一修改。

小 C:是的,但明天就要发布软件版本了,我目前只能修改并测试完成自己编写的测试用例。对于受到影响的其他模块的测试用例的修改，我目前无能为力。

Carl：明白。对于受到影响的模块的测试用例的修改及测试，我来想办法。

作为小 C 的上级，Carl 非常理解小 C 的选择。另外，需求的小小变化，却带来如此大的测试用例修改量，而且还容易带来输入错误问题，Carl 陷入了深思。没过多久，Carl 的脑海里闪现出 C 语言中宏的概念。尽管测试用例无须编译，但他认为定义边界值范围之类的问题适合采用宏的方式解决。那么，如何应用呢？

在他经过一番思考并与小 C 商量后，他决定采用如下思路解决问题。

首先，定义测试用例宏，格式为"测试用例宏名称：值"，如下。

❑ 工作温度下限：5℃（即测试用例宏的名称为"工作温度下限"，其值为"5℃"）。

❑ 工作温度上限：40℃。

❑ 开机温度下限：−10℃。

❑ 开机温度上限：60℃。

然后，修改原测试用例，将原来设置具体温度的地方修改为测试用例宏的名称，如表 5-15 中的"工作温度下限"（单击带下画线的文字，可跳转到测试用例宏定义文档）。如果新的需求对温度范围进行了修改，那么我们只需要修改测试用例宏的定义。

如果我们的测试用例库在测试用例管理工具中进行集中管理，那么，为了便于测试用例的阅读，我们还可以对测试用例管理工具进行二次开发，当测试用例阅读者对测试用例宏有疑问时，单击测试用例中的测试用例宏名称，自动弹出"冒泡"提示，并展开其详细定义。

表 5-15　采用测试用例宏改进后的手机环境温度测试的部分测试用例

测试用例标题	预设条件	操作步骤	预期结果	备注
等于工作温度下限时，验证报警判断的正确性	当前环境温度等于工作温度下限	1）打开手机； 2）放在等于工作温度下限的地方； 3）等待报警提示	无报警提示	带下画线处表示存在测试用例宏的引用

续表

测试用例标题	预设条件	操作步骤	预期结果	备注
低于<u>工作温度下限</u>时，验证报警判断的正确性	当前环境温度低于<u>工作温度下限</u>	1）打开手机； 2）放在低于<u>工作温度下限</u>的地方； 3）等待报警提示	手机屏幕中提示"工作温度超限！"	
等于<u>工作温度上限</u>时，验证报警判断的正确性	当前环境温度等于<u>工作温度上限</u>	1）打开手机； 2）放在等于<u>工作温度上限</u>的地方； 3）等待报警提示	无报警提示	带下画线处表示存在测试用例宏的引用
高于<u>工作温度上限</u>时，验证报警判断的正确性	当前环境温度高于<u>工作温度上限</u>	1）打开手机； 2）放在高于<u>工作温度上限</u>的地方； 3）等待报警提示	手机屏幕中提示"工作温度超限！"	
…	…	…	…	

如果阅读测试用例时，我们还是希望看到直观的数据，那么可以改进测试用例宏引用的形式，即将测试用例中测试用例宏的名称自动替换为它对应的数值，此时，表 5-15 中的测试用例将变成表 5-16 所示的样子。

表 5-16 采用测试用例宏并直观展示数值的手机环境温度测试的部分测试用例

测试用例标题	预设条件	操作步骤	预期结果	备注
等于 <u>5℃</u>时，验证报警判断的正确性	当前环境温度等于<u>5℃</u>	1）打开手机； 2）放在等于<u>5℃</u>的地方； 3）等待报警提示	无报警提示	
低于 <u>5℃</u>时，验证报警判断的正确性	当前环境温度低于<u>5℃</u>	1）打开手机； 2）放在低于<u>5℃</u>的地方； 3）等待报警提示	手机屏幕中提示"工作温度超限！"	
等于<u>40℃</u>时，验证报警判断的正确性	当前环境温度等于<u>40℃</u>	1）打开手机； 2）放在等于<u>40℃</u>的地方； 3）等待报警提示	无报警提示	带下画线处表示存在测试用例宏的引用
高于<u>40℃</u>时，验证报警判断正确性	当前环境温度高于<u>40℃</u>	1）打开手机； 2）放在高于<u>40℃</u>的地方； 3）等待报警提示	手机屏幕中提示"工作温度超限！"	
…	…	…	…	

最后，小 C 采用测试用例宏的方法对所有涉及的测试用例进行了修改，极大地节省了修改时间。

后来，Carl 将测试用例宏方法向全公司进行了推广。测试用例宏可以节省测试用例修改时间，还可以有效提高测试用例的可维护性。

5.5.6　测试用例编写的规则

《系统与软件工程　系统与软件质量要求和评价（SQuaRE）第 51 部分：就绪可用软件产品（RUSP）的质量要求和测试细则》（GB/T 25000.51—2016）中定义了一套评价软件质量的模型，但对于这套质量模型如何在实际工作中落地，我们需要根据自身业务特性进行定义、实施。测试用例的编写属于诸多评价软件质量的活动之一，测试用例编写的规则既有通用性，又存在根据不同的业务特性需要进行自定义的特点。

下面针对测试用例编写的规则的通用性特点，结合作者的实践经验，提供测试用例编写的规则的定义与案例。

1.　测试用例标题

测试用例标题需要体现检查点，它一般由"关键条件（可选）+检查点"组成，其中关键条件是可选项，因为有些测试用例并不存在关键条件。

在功能测试中，大部分测试用例标题应属于"关键条件+检查点"类型，如表 5-15 中的"等于工作温度下限时，验证报警判断的正确性"；测试用例标题仅有"检查点"的情形只占少数，如表 5-6 中的测试用例标题"新建联系人"属于只有检查点的表达结构，因为此测试用例无须关键条件，即该检查点是没有条件限制的检查点。

对于其他测试类型的测试用例，如性能测试用例、安全性测试用例、易用性测试用例，测试用例标题中需要体现"检查点"（否则他人很难读懂）。

总之，在实际工作中，我们需要找到适合项目自身业务和测试类型要求的测试用例标题结构化表达方式。

2.　预设条件

测试用例的预设条件是指测试用例执行前必须满足的条件，包括测试环境配置、测试数据、测试方法、测试工具与测试指南等。预设条件中明确需要哪些条件，至于如何达成这些条件，可在其他地方处理，此处进行引用。例如，某测试用例需要用到某测试工具，对于工具在哪里和如何使用工具，可在测试用例的"备注"列中进行说明（或者在其他可增加说明的地方进行明确）。

我们回过头来看一下表 5-13 所示的测试用例，其中的"预设条件"为"已进入'<u>新建联系人</u>'界面"，这个预设条件是一个典型的测试用例执行前必须满足的条件，至于如何进入"新建联系人"界面，预设条件中不会详细说明。那么，测试用例执行人员如何操作才能进入此界面呢？我们可以使用简语，如表 5-12 所示的"'新建联系人'界面"简语。

"预设条件"是接下来的"操作步骤"和"预期结果"的前提与基础。

3. 操作步骤

测试用例的操作步骤是指为达成预期结果而进行的一系列操作动作。操作步骤的设计灵活性较大，因此，我们在使用自然语言描述操作步骤时，往往得到五花八门的描述结果，有些描述甚至存在二义性，这给测试用例的后续维护带来了难度。

为了解决上述问题，我们可以使用如下规则。

规则 1：对于每个步骤，我们只使用一个含义明确的陈述句进行描述。

规则 2：对于动作的描述，我们采用"动宾结构"进行表达，如单击按钮。常见的表示动作的词汇有"单击""按""双击""输入""拖拽""打开""关闭"等。

规则 3：对于界面中的控件，如菜单、按钮、窗口、提示框、对话框等，我们统一采用""（双引号）、"[]"或"<>"进行标识。

4. 预期结果

测试用例的预期结果是指测试对象（软件）经过前面的一系列操作，并结合内部的逻辑处理后而得到的输出。软件的输出不仅包括人类可视、可听的现象、数据或状态，还包括无形的逻辑链路上的消息反馈、报文传输等。预期结果一定是客观、明确、具体的。为了规范预期结果的编写，我们可对预期结果的表达进行约束。下面是作者结合自身实践经验提供的约束规则。

规则 1：不出现"如果……那么……"这样的表达形式。

规则 2：不使用模棱两可的词汇，包括"可能""或许""大约""部分"等。

规则 3：不使用不明确的程度副词，包括"非常""很""相当"等。

规则 4：不使用带有主观色彩的形容词，包括"漂亮""美丽""顺畅""很快"等。

其实，上述规则也同样适用于"测试用例标题""预设条件""操作步骤"的编写。当有了规则后，我们可进一步通过工具对测试用例进行自动化过滤，以达到"清洗"测试用例中不合规内容的目的，如同开发人员编写的代码需要通过编译器的语法、句法检查。这样，我们可以自动检查的方式不断提高测试用例的可读性、可执行性和可维护性。

测试用例编写的规则远不止上述这些，我们可以针对不同业务和不同测试团队的特点，不断完善规则。

第 6 章　测试平台建设

本章简介

测试平台是什么？它与项目开发有哪些联系？在工程实践中，测试工程师如何建设测试平台？在测试平台建设过程中，我们经常遇到哪些问题？如何解决这些问题？对于上述问题，本章将一一进行解答。

6.1　认识测试平台

微信和 QQ 是聊天平台，支付宝和微信支付是支付平台，京东和淘宝是购物平台，我们好像都知道平台是什么意思。但当别人问我们平台的含义时，我们却一时难以回答。有时，我们听闻某人入职了一家口碑不错的公司，同时，我们也会听到其他人说这个人找到了一个大平台（或称为好平台），那么，这里提到的"平台"又是指什么呢？平台，涉及面很广，可大可小。微信、支付宝和淘宝等都属于应用程序平台，它们的用户是大众，而企业平台由企业内部员工使用。我们会发现，无论什么平台，它们都有一个共同的地方，就是为用户提供公共资源服务。使用平台的用户越多，平台的发挥价值越大。

测试平台是指为所有测试人员提供测试服务的公共技术、组件和工具，以及体系文件的集合，其中包括测试工作过程中共用的工具（包括硬件、软件）、数据、流程、规范和模板等。测试平台的主要价值在于提升软件测试效率，规范测试过程的输出质量。

在产品开发过程中，我们通常会用到如图 6-1 所示的 3 种软件平台。

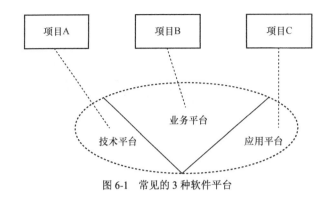

图 6-1　常见的 3 种软件平台

其中，技术平台是一种以快速开发产品为目的平台，如开发 Windows 应用程序时使用的公共控件、资源库、通信库等，这些资源可以是自主开发的，也可以是开源或商业购买的。在软件测试领域，我们自主开发的自动化测试框架、公共函数库、专项测试工具、业务测试模板和技术评审 checklist 等都属于测试的技术平台内容。第二种平台是基于业务逻辑复用的业务平台，如业务公共需求、公共类业务代码模块、映射到软件测试便是可复用的公共业务测试方案、测试用例，它们属于业务测试平台。第三种平台是基于业务系统自维护、自扩展的应用软件，它们属于直接服务于产品的应用平台。另外，我们在研发内部使用的过程管理平台性软件，如版本自动构建与发布平台、客户端问题反馈管理平台、研发内部故障管理工具（平台）、测试用例管理工具（平台）、测试数据生成工具（平台）等，虽不属于产品业务的一部分，但始终围绕产品的生命周期提供服务，严格来说，这类平台软件也属于应用平台。

在系统复杂和用户需求变更频繁的软件产品研发之路上，当我们的项目进展到一定阶段后，为了增加研发人员的人均产能，从而实现工作效率的整体提升，几乎每个公司都会考虑如何积累和建设软件平台的问题。关于软件平台的价值，下面的故事将所有体现。

据说，在 2015 年，某大型集团高管集体前往 Supercell 游戏公司参观。该游戏公司的员工总数不到 200，每一个开发游戏的小团队只有六七个人，但整个公司的年利润达到 10 多亿美元！这家规模不大的游戏公司是如何做到这一点的呢？其中一个原因就是他们挑选了一些游戏开发过程中常用的游戏算法，并把它们作为固定的工具提供给所有的小团队，同一套工具能够满足很多小团队的研发需求。也就是说，他们把需要重复开发或重复执行的业务内容整合成一个通用"平台"，大家随时都能从平台中获取想要的资源。平台建立后，其中的共用组件越来越多，平台规模越来越大，杠杆作用越来越明显。

同样，对于软件测试，共用的平台资源越多，测试的工作效率越高。

6.2 不可或缺的测试流程体系

通过 6.1 节的介绍，相信读者对测试平台及其建设内容和发挥的价值有了一定的认识。一家成熟的公司往往会有不同的产品体系，因此，公司应该考虑如何让平台在不同产品和不同团队间共用，就像 Supercell 游戏公司在多款游戏研发中共用同一套游戏算法一样。但想要达成这一目标，除有技术以外，还需要流程的支撑。只有合适的流程，才能把各专业职能和各项目拉通，实现一些可共用的平台资源达到应用的最大化。业界知名的 IPD（Integrated Product Development，集成产品开发）流程在 IBM、华为有着成功的应用。IPD 是一种先进的产品研发流程。软件研发是产品研发 IPD 流程的一部分。

由于软件本身的特性，在软件研发过程中，我们需要根据业务特性，并结合公司的发展阶段，采取不同的开发模式，如传统的瀑布模式、V 模式，以及目前流行的敏捷迭代模式。在对接复杂产品（如涉及软件、硬件、光学、试剂等多个专业方向）开发的流程体系时，软件研发团队往往需要摸索出一套适合软件本身，又可灵活对接产品开发流程（如 IPD 流程）的子流程，包括软件项目内部各职能团队的协作流程、软件项目团队与其他部门的合作流程。与软件开发平台类似，软件测试平台是细分领域的平台。图 6-2 从软件测试的角度，通过流程进行横向拉通，把可复用的测试公共平台应用在新产品的研发中，同时，在新产品的研发中，利用流程机制不断丰富和完善平台。

对于测试流程体系的建设，特别是建设一套适合公司内部运营的流程体系，我们需要考虑下列 3 个方面的因素。

1）公司的流程体系。

2）团队规模与成熟度。

3）软件开发模式。

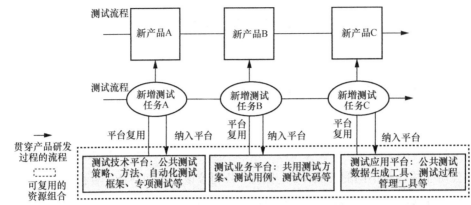

图 6-2　测试平台与项目研发流程体系关系图

表 6-1 列出了测试工作中常见的软件类基础规范、流程、模板和指南。

表 6-1　常见的软件类基础规范、流程、模板和指南

类别	名称	主要使用对象	备注
规范类	软件开发规范	软件团队	包括软件开发团队与软件测试团队
	软件配置管理规范	软件团队	
	故障管理规范	软件团队	
	测试用例设计规范	软件测试团队	与业务相关。针对不同行业的产品，不同公司的测试用例设计规范不同，但也存在共同之处
	测试用例执行规范	软件测试团队	执行记录的粒度、严谨性与行业有关
流程类	软件开发流程	软件团队	
	软件测试流程	软件测试团队	
	故障管理流程	软件团队	
	软件归档流程	软件团队	
	交叉测试流程	软件测试团队	
	漏测分析流程	软件测试团队	
	...	...	
模板类	软件需求模板	软件团队	
	软件概要设计模板	软件团队	
	软件详细设计模板	软件团队	
	测试方案设计模板	软件测试团队	可根据不同测试方向（功能测试、性能测试，以及内存等专项测试）再细分
	测试报告模板	软件测试团队	
	需求追溯模板	软件团队	
	...	...	

类别	名称	主要使用对象	备注
指南类	代码评审指南	软件团队	
	单元测试指南	软件团队	
	测试分析与设计指南	软件测试团队	
	测试工程师工作指南	软件测试团队	
	多语言测试指南	软件测试团队	
	…	…	

流程体系的建设是一个不断完善的过程。表 6-1 仅列出了测试工作中常见的软件类基础规范、流程、模板和指南的名称，不同公司的不同团队可以根据自身需求补充完善。

6.3 平台建设计划落空的背后

在一些新产品项目启动之时，我们习惯于从同类项目或其他项目中获取可以直接使用的组件、模块，以降低产品的研发周期和成本。平台是我们在新产品研发时求之不得的对象。可是，在实际的工程实践中，往往获取者众，贡献者寡。一些技术主管或经理在年初制订平台工作计划时总是雄心勃勃，列出了详细的计划，但年底总结时却发现完成率很低。Sherry 所在的公司在前些年遇到过类似的问题。当时，她与多个项目的测试负责人进行了交流。这些测试负责人大部分是技术经理（主管），他们需要负责项目测试，同时需要负责团队的平台建设，是一个双重角色。下面是 Sherry 与某位测试负责人的对话内容。

Sherry：如果有两个任务同时摆在你面前，一个是项目任务，另一个是平台任务，但因时间关系，你只能完成其中之一，你会如何选择？

测试负责人：项目任务优先。

Sherry 强调，对于这一问题，被调查人员的回答基本上是一致的。

Sherry 继续问：平台任务不重要吗？

测试负责人：平台任务也很重要，但项目任务已是板上钉钉的事，而且每天早会上需要承诺，第二天还要向团队汇报。

Sherry：对于平台任务，不是也有承诺完成时间吗？

测试负责人：是的，但二者不一样。

Sherry：什么地方不一样？

测试负责人：如果项目延期，那么团队成员的项目奖金就没有了，不能因为我而受到连累。

Sherry：平台任务没有奖金，因此，它的优先级就低吗？

测试负责人：不完全是这样。相对于产品开发任务，平台任务往往没有那么紧急。

Sherry：因为平台任务没有那么紧急，所以就一直忙于项目任务，平台任务始终没有被提上日程。于是，在年底总结时，年初制订的平台计划基本没有完成。

测试负责人：确实是这样的。公司的业务多，项目也多，我也觉得长期这样下去不合适。

Sherry：想过如何改变吗？

测试负责人：想过，但没有想好，其实也没有太多时间去想。为了更好地守护软件质量，在每次项目对外发布版本，测试团队都在进行全遍历（执行所有测试用例），消耗大量的人力和时间。我觉得我们在这方面陷入了"死"循环。

其实，上面对话中提到的问题并不是某个或某几个测试团队面临的问题，而是业界存在的普遍性问题。

在现实中，有些公司因为处于创业初期，需要快速推出产品，以解决公司"温饱"问题，无暇顾及平台建设。而有些公司已处于快速发展期，有自己各系列的"拳头"产品，研发团队也已规模化（人数明显增加），但我们发现团队的业务交付速度反而变慢。例如，用户提出一个需求，市场人员认为这个需求的实现很简单，但研发团队经过评估，认为这个需求需要 1 个月才能实现，此时，市场人员可能就会抱怨研发人员的支持不够，跟不上市场变化。

很多公司的研发管理部门设置了很多奖项来激励研发人员，其中的项目奖金便是"重头戏"。公司管理者普遍认为"重赏之下，必有勇夫"。从项目管理的阶段性目标来看，这种管理策略有其优势，直接的效果就是项目的延期率降低了。但是，研发背后的投入产出比却一降再降，这种情况说明研发人员的加班效率并不高。我们不妨试想一下，如果暂时忍受项目的延期，把同样的时间投入平台任务，将可供各项目共用的平台建设好，那么后续项目的研发速度必将越来越快，研发人员也可以轻松地应对用户需求的变化。"小公司靠创意，大公司靠平台"，这是华为对企业如何做大的见解。

我们没有时间完成平台任务的本质原因是什么呢？

当我们停下脚步，从产品开发的全链路角度来看项目的整个开发过程，进而思考公司的管理体系，就会发现，这个现象是一个普遍的现象，绝非仅软件测试专业领域才存在。我们还会发现，在现实情况下，软件测试人员即使想改变，还是比较被动，但这并不意味着测试人员就只能被动等待。在经历一个个陷入"焦油坑"[①]的延期项目后，我们需要不断问自己"下一仗"该如何打？可能，你并不太关注整个公司运营的人均产出比和项目的 ROI[②]（Return on Investment，投入产出比）。可是，长年累月地加班，你一定会记得脑子不太清醒时还在边设计测试用例，边编写测试脚本的场景，这样做不仅不能产生新的测试思路，而且容易犯低级错误。

正如《人件》中提到的："在职业生涯中，你总会遇到一个或几个这样奉行西班牙理论的管理者，我们每个人都在过去某个时刻、不同时期屈从于这种短期策略"，我们不要"好了伤疤忘了疼"。从本质上来说，压力不会让人工作得更好，只是让人工作得更快。为了工作得更快，很多人可能"牺牲"了产品质量和工作体验。

6.4 测试用例的平台化形态

对于测试人员，精心设计的测试用例如同开发人员编写的代码，是测试工作的重要输出。测试用例的全面性、充分性直接影响我们发现软件潜藏 bug 的效率。在工程化实践中，在我们

---

① 焦油坑在项目开发中的故事，详见《人月神话》中的介绍。
② ROI=投入/产出，ROI 越小，表示经济效益越好。

开发了一款又一款产品后，如何对过去设计的相同或相似功能模块的测试用例进行复用，特别是在多个项目中共用，是我们必须要考虑的平台化问题。关于测试用例的平台化复用，在工作中，我们可能会遇到不同的解释，接下来的介绍希望能够对读者有所启发。

6.4.1　直接复制的测试用例复用模式

【小花的平台测试用例案例】

Sherry 参加过某集团子公司软件部门的一次年终总结会，多名员工在他们的 PPT 中提到他们设计了很多条平台测试用例，但他们中的大部分是工作不到一年的新员工。这让 Sherry 感到有些意外。在 Sherry 看来，平台测试用例的设计通常是由资深工程师完成的，因为他们经验更加丰富，考虑问题更加全面。于是，带着好奇和疑问，Sherry 和其中一名测试工程师小花（化名）进行了交流。

Sherry：你设计的平台测试用例适用于哪些项目？

小花：只要需求是相同的，就可以完整复用，因此项目不限。

Sherry：各个项目中存在相同需求的情况多吗？

小花：从理论上来说，对于相同的业务，需求应该是相同的。我在 A 项目中针对某个需求编写的测试用例，B 项目的一名测试工程师在遇到相同的需求时就拿去复用了。

Sherry：B 项目的这位测试工程师将这个测试用例拿过去是作为参考，或者作为基础进行修改，还是只字不改地进行完全复用？

小花：这个我没有问，不清楚。

Sherry：你在 PPT 上展示的这条测试用例是复用测试用例之一，对吧？

小花：是的。

Sherry：测试用例的"预期结果"中提到的"nTestResult"是保存测试结果的数据库表名，其他项目在设计上都用的是这个名称吗？

小花：不确定，因为我没有确认过这个情况。因为现在部门要求要考虑测试用例的平台化，所以我尽量写得明确一些。

在这个案例中，对于小花对平台测试用例的认知逻辑，我们可以归纳为以下 3 点。

1）各个项目中的需求相同，测试用例自然相同。

2）另一个项目中的测试人员使用了她设计的测试用例，这就是在复用。

3）平台测试用例中的预期结果应尽量明确，便于复用。

对于上面归纳的小花对平台测试用例的认识，我们需要有所思考。"小花们"正在采用在各项目间复制、粘贴、修改测试用例的方式来"达到"测试用例的复用。此时此刻，这种事情可能正在发生，或许当下的你也正在这样做。图 6-3 展示的是直接复制的测试用例"复用"模式，我们或许太熟悉这种"复用"方式了，好像这些复制的测试用例是不拿白不拿的资源。

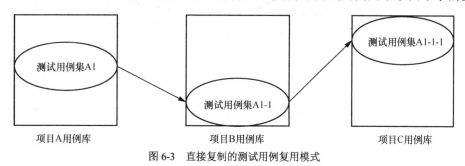

图 6-3　直接复制的测试用例复用模式

从项目的短期工作来看，这种模式的"复用"结果确实能给我们带来好处，特别是同类项目的需求大部分相同的前提下，需要修改的测试用例不多，可以大幅度减少测试用例设计的时间，从而提升测试效率。在项目的工程化开发中，项目 A、项目 B 和项目 C 可能有时间的先后顺序，在正常情况下，下一个项目开始后，测试人员总是会复制最近一个项目的部分测试用例。这样势必导致以下两种情况的出现。

1）对于不同项目的同一个需求变更，测试团队需要维护 3 个相同的测试用例。

2）对于多个项目中相同需求对应的相同测试用例，存在多人维护、信息不同步的问题。例如需求有变更，项目 C 中对应的测试用例被正确修改了，项目 B 中对应的测试用例可能没改全，而项目 A 的测试人员可能压根就不知道需求有变化。

现在，问题来了，项目中从其他项目复制过来的平台测试用例被打乱了。对于这种模式的复用，项目越多，参与成员越多，结果越混乱，最后又陷入"测试用例重构"局面。

6.4.2　平台测试用例复用模式

从"小花的平台测试用例"案例中，我们能够清楚地看到直接复制的测试用例复用模式的弊端。而且，从规范化平台设计角度来看，这显然是不合适的。此时，我们不妨先了解一下动态链接库（DLLs）的应用原理。在 Windows 应用程序设计中，DLLs 通过共享一组函数的单一副本供多个进程使用。同理，测试的平台测试用例应始终只保存一份测试用例，供多个项目共同使用，如图 6-4 所示。

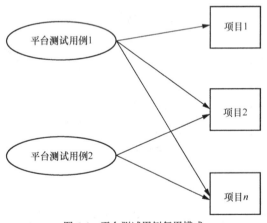

图 6-4　平台测试用例复用模式

没错，平台测试用例复用模式正是我们想要的。有了合适的复用模式，我们便可以寻找在项目中的落地方案了。下面是 Carl 与他所在的团队中的技术经理小强和测试工程师小志关于平台测试用例建设的对话。

小强：我们从简单的测试用例开始，讨论平台测试用例建设的思路。

小志：以手机"休眠"（锁屏）功能的设置为例，不同手机的此功能需求基本相同。我这里有 P-2000 与 N-1000 两个型号的手机不同的"休眠"功能设置界面，你们可以看一下（见图 6-5）。

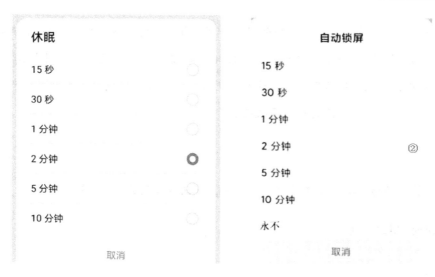

P-2000 休眠 界面   N-1000 锁屏 界面

图 6-5　手机"休眠"功能设置界面

小志：根据界面需求，两个产品的测试团队分别编写了相应的测试用例，我给你们展示一下（分别见表 6-2 与表 6-3），你们看看它们有什么不同。

表 6-2　产品 P-2000 测试用例（"休眠"界面检查）表

测试用例标题："休眠"界面检查				
测试用例 ID	预设条件	操作步骤	预期结果	备注
P-2000-0001	已进入"休眠"功能设置界面	检查"休眠"功能设置界面的显示内容	1）界面标题：休眠； 2）单选按钮包括 15 秒、30 秒、1 分钟、2 分钟、5 分钟、10 分钟，默认选中"2 分钟"； 3）界面底部："取消"按钮	

表 6-3　产品 N-1000 测试用例（"自动锁屏"界面检查）表

测试用例标题："自动锁屏"界面检查				
测试用例 ID	预设条件	操作步骤	预期结果	备注
N-1000-0001	已进入"自动锁屏"功能设置界面	检查"自动锁屏"功能设置界面的显示内容	1）界面标题：自动锁屏； 2）可选项包括 15 秒、30 秒、1 分钟、2 分钟、5 分钟、10 分钟和永不，默认选中"2 分钟"； 3）界面底部："取消"按钮	

小志：接下来，我来分析一下。站在用户使用的角度，"休眠"与"自动锁屏"功能是一

样的，用户可以设置符合自己使用习惯的锁屏时间。为了适应市场需求的变化，在产品 N-1000 中，增加了"永不"选项。我们可以看到，N-1000-0001 测试用例的预期结果中增加了"永不"。从项目测试用例设计人员的角度来看，这两条测试用例都可以完全覆盖各自测试产品的需求。我们不难发现，两条测试用例的相似度极高。

相同点：

1）"休眠"（锁屏）功能设置的前 6 项相同，默认选择均为"2 分钟"；

2）相同的"取消"按钮。

不同点：

1）进入设置界面的操作路径不同，即预设条件不同；

2）操作步骤中的界面名称不同；

3）在预期结果中，选项内容略有不同，N-1000 产品在 P-2000 产品的基础上新增了"永不"选项。

小志：现在的问题是，我们需要找到合适的表达方法提取共同的部分作为平台测试用例，同时差异点又可以灵活应用。我们的测试用例采用自然语言编写，不像开发人员写完的代码可以编译，编译器本身通过内置的规则或算法自动检查不符合项。

Carl：小志说到了问题的重点。我认为，首先需要定义一套平台测试用例编写规范；然后，解决平台测试用例描述中体现出来的如何"求同存异"问题。

小志：是的。我们缺少适合团队内部使用的平台测试用例设计规范。通过制订规范，我们可以解决差异点 1 和 2 的问题。但有些问题不一定通过规范解决，如差异点 3，我建议采用技术手段来解决。类似 C++ 中的重载，使用相同的函数名，但参数的个数可以不同，从而实现不同的功能。N-1000 产品和 P-2000 产品的两条测试用例所承载的业务功能正属于这种情况。我们可利用测试用例简语的定义方法，设计如下测试用例简语，我给你们展示一下（见表 6-4）。

表 6-4　测试用例简语定义

简语名称	详细内容	说明
休眠设置	"休眠""自动锁屏"	"休眠""自动锁屏"的界面设置功能相同，仅界面语的表达不同，为了便于表达，在平台测试用例中，我们将它们统一定义为"休眠设置"。在引用平台测试用例的具体产品的测试用例中，通过单击"休眠设置"链接，可选择"休眠"或"自动锁屏"。可扩展
选项组 1	15 秒、30 秒、1 分钟、2 分钟、5 分钟、10 分钟，默认选中"2 分钟"	可扩展
选项组 2	永不	

小志：根据测试用例简语定义表中的定义，我们可以设计平台测试用例，我来展示一下（见表 6-5）。

表 6-5　平台测试用例

平台测试用例标题：休眠界面检查				
平台测试用例 ID	预设条件	操作步骤	预期结果	备注
PT-TC-001	已进入休眠设置界面	检查休眠设置界面的显示内容	标题：休眠设置 单选项： 选项组 1 选项组 2 "取消"按钮	

小志：其中，"休眠设置""选项组 1""选项组 2"带有下画线，表示自带链接，单击它们后，可跳转到详细内容定义界面，然后测试人员可针对具体的产品需求选择或插入对应的内容。"休眠界面检查"平台测试用例就是一个模板，测试人员在测试类似的产品需求时，可在此模板的基础上，选择或插入具体的简语对应的内容，如果发现某一简语不适用，如 P-2000 产品不适用"选项组 2"，那么可以删除它。另外，如果测试人员在平台测试用例模板的基础上，插入选项组 1 的内容，发现"选项组 1"的选项还不够全面或者有多余项，那么可在具体的测试用例中补充或删除多余项。

小强：非常好！

根据 Carl 的介绍，他们目前使用的测试用例管理工具已按上述讨论结果进行了优化，将测试用例设计纳入自动规范检查，测试用例设计的规范性得到了较大提升。通过团队近 5 年的探索，累积的平台测试用例已超过总测试用例的 70%，它们在项目开发效率的提升方面发挥了重要作用。

设计平台测试用例是软件测试方向的强技术工作（更多方法可参考 5.5 节中提到的测试用例的变量、简语、宏的应用）。在上述案例中，我们从测试用例本身出发，介绍了如何平台化测试用例。我们都清楚，测试用例设计的主要依据是软件需求，需求的一点点改动，受影响的测试用例少则几条，多则几十条，甚至上百条，而且，测试用例最终还需要封闭（追溯）需求。从整个软件项目的管理角度出发，我们完全可以把需求管理的平台化与测试用例的平台化同等对待，以使整个项目利用更多的平台化价值，提升软件整体研发效率。

6.5 测试工具平台

在日常测试工作中，我们有时会与 0b01011011、0x05F1、0o23 这些计算机中的不同进制的数据不期而遇；我们有时需要想办法看懂加密后的文件；我们有时需要抓取网络传输中的数据包并将它们用于问题的分析，等等。对于这些信息，如果我们仅凭肉眼判断它们是否符合预期，那么不可能很快完成或不可能完成，此时，我们需要借助工具来协助完成工作。工具的来源包括自主研发和第三方。工具属于软件，有软件的特性，如同一工具的不同版本、代码维护等。如何管理众多工具和进行资源复用，以发挥工具的最大价值，是我们需要考虑的问题。

6.5.1 测试开发平台

关于测试工具，作者认为它就是程序，即一个可以独立运行的应用程序，但这个认识在一次关于测试工具的线上技术讨论会上被刷新了。3 年前一个周末的早晨，邰晓梅在线上邀请知名测试专家 Michael Bolton 讨论"工具与程序"这个话题。Michael Bolton 提出的工具概念是相对的、广义的，并举例认为一张白纸也可以是测试工具。他认为，能够解决问题的东西就是一个工具，与它是不是软件程序无关。当时，我们都很难理解，或者干脆不同意这种说法。我们对于只有编写代码生成的可执行程序才是软件工具的认识已根深蒂固，从没否认过这种认识的正确性和全面性。后来，经过多年的工作实践，以及较多思考和总结，作者认为 Michael Bolton 的广义测试工具论更加合适和全面。限于篇幅，本节主要介绍狭义测试工具的平台建设。

随着软件业快速发展，软件测试类岗位在不断细分。现在，很多公司设有专门的测试开发岗位，主要开发为测试内部服务的各类工具，或者负责对代码要求较高的性能测试、网络安全测试和自动化测试等。相较于传统测试人员，测试开发人员发挥价值的方向有所不同，特别是在团队工作效率提升方面，他们发挥着举足轻重的作用。因此，基于测试开发方向的测试平台建设是业务测试工作的基础。为了便于读者理解，此处我们将此类平台统一称为测试开发平台，如图 6-6 所示。

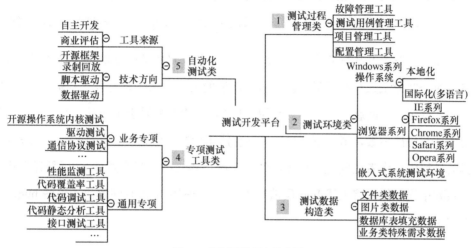

图 6-6　测试开发平台集合图

严格来说，测试开发方向的工作都应被纳入测试开发平台设计中。在不同的业务领域，测试开发的内容有所区别，但从大的方向来看，测试开发主要包含图 6-6 所示的五大类别。测试开发类工作有一个很大的特点就是编写代码，这一点与软件开发工作类似。关于测试开发的平台化建设，如自动化测试框架设计、基础函数封装等，相关技术已经非常成熟，此处不再赘述。此处，作者重点介绍容易让人忽略的众多测试小工具的集成和治理，以及测试环境的搭建，希望读者读后有所启发。

6.5.2　停止"重复造轮子"

谈及测试工具，测试人员一定不会感到陌生。每个测试人员都有自己的测试"工具箱"，其中的工具也许是自主开发的，也许是从第三方获取的。久而久之，我们发现，可以解决同一问题的工具有很多，这好像是好事。但是，其中不少工具是内部自主开发的，这些工具功能类似但版本可能不同，测试人员需要时却不清楚使用哪个版本。测试人员好不容易选择了一款工具，却发现工具出现问题后不知向谁反馈。这些问题不仅给测试人员带来困惑，还给测试管理者带来了管理方面的挑战。

J 哥是一名技术"发烧"友，正如他自己所言，一天不写几行代码，会觉得工作中少了一些乐趣。有一次，他负责数字加密指令协议的测试，因指令是全数字且加密的，对于指令发送时加密的正确性，以及接收后解密的正确性，难以直观判断。于是，他设计了一个针对数字加密指令协议的"翻译"（解析）工具，该工具可以协助测试人员快速判断输入端、输出端的指令的正确性。

因工作需要，作者也参与了此项目。作者发现，此项目中的一些测试人员在用 J 哥开发的解析工具，而一些测试人员在用另一款有类似功能的工具，后者是开发工程师 A 开发的。出于好奇，作者试用了这两款工具。客观来说，J 哥开发的工具属于半成品，有些难用，如需要人工配置条件和修改参数，稍有不慎，工具就会停止运行，而且没有任何提示。在试用 J 哥开发的工具的过程中，作者还发现了该工具的一个严重 bug：在某个条件下，"翻译"错位，从而导致一系列错误。作者将上述 bug 反馈给 J 哥，J 哥利用午休时间解决了这些 bug，并请求作者再次试用。

为什么同一团队的测试人员会使用具备类似功能的不同工具呢？作者询问了 3 名测试工程师和开发工程师 A，下面是他们的回答。

测试工程师 A：我一直在用开发工程师 A 提供的解析工具，它能够解决我工作中的问题，我不太清楚 J 哥是否也设计了类似的解析工具。

测试工程师 B：对于这两个解析工具，我都会用。对于开发工程师 A 提供的解析工具，我之前在测试老产品时用过。后面，新产品增加了新功能和新协议，我们向开发工程师 A 提过多次工具改进需求，但他都说没有时间进行支持。J 哥精通协议，对协议格式进行重新整理后，设计了一个解析工具，于是，在测试新功能和新协议时，我们现在一般使用 J 哥开发的解析工具。

测试工程师 C：我现在在另一个项目中负责测试工作。严格来说，这两款解析工具都不能完全满足我们项目的需求，于是，我们会结合使用这两个工具。

开发工程师 A：关于我设计的这个解析工具的改进需求，我曾收到过一些测试人员的反馈，但由于手头上的任务太多，工具的改进工作一直没有排上日程。对于 J 哥开发了一个具备类似功能的解析工具这件事情，我不太清楚。

通过上面测试人员和开发人员的反馈，我们大致了解了出现此类问题的原由。

1）对于开发人员提供的解析工具，由于新功能和新协议的增加，因此该工具需要改进。但是，开发工程师 A 无力进行改进，于是，为了满足目前项目的需要，测试人员不能不在内部重新开发新的解析工具。

2）开发工程师 A 设计的测试工具不太好用，时常出现错误，因此，测试人员不得不重新设计新的解析工具。

于是，老的解析工具由于得不到有效维护或功能不够完善，而逐渐被放弃，然后，新的解析工具被开发出来。

J 哥主动为团队解决问题，这一点是值得肯定的，但如果你是团队的管理者，或许会有不同的看法。

我们项目团队的管理人员发现了这个问题，他们经过多次讨论，决定推动公司的平台项目管理制度的放开，把过程管理工具的开发纳入 CBB（Common Building Block，公共构建模块），即通过立项，按项目管理的流程对过程管理工具的开发进行管控。有了可落地的措施，J 哥自然成为过程管理工具开发项目的项目经理。按照项目管理的规范流程要求，他成立了专门的项目团队，完成了需求调研、需求分析、开发实现、工具验证、工具上线发布与推广等一系列活动。一年后，按照规范流程开发的过程管理工具实现了既定目标，在全公司推广使用，并得到一致好评。年底，这款过程管理工具获得了公司级优秀工作平台奖。

从这个案例中，我们可以看出通用类过程管理工具的价值，以及按规范流程解决问题的显著效果。

6.5.3 机制化管理"散落的珍珠"

在工作中，只要我们稍加留意，就会发现身边的测试同事拥有多种测试工具，如常用的文本处理工具、网络通信工具、网络数据抓包工具、自动化测试工具和测试环境构造工具，特别是一些技术爱好者或工具爱好者，他们拥有的测试工具就更多了。软件工具是数字化的无形产品，可以无限（在许可的情况下）分发和共享，于是，我们想解决下列两个问题。

1）对于第三方工具，如何让团队内拥有它们的人自愿分享给其他团队成员？

2）对于自研工具，如何帮助工具开发人员将它们及时共享给其他团队成员？

无论是第三方工具，还是自研工具，它们可能仅包含一段程序、几行脚本或整理好的一个公式表等，但实实在在地带来了工作效能的提升。如果我们不对它们加以管理，那么它们会如同随意散落的珍珠。针对上面两个问题，Carl、Sherry 和作者进行过激烈的讨论，但因不同公司的文化不同，我们对上述问题的看法有所不同。最后，我们认为 Carl 所在的团队的做法比较有代表性，可以作为优秀实践并分享给读者。

Carl：对于工具的管理问题，我们的主要解决思路是组建一个称为"测试开发社团"的虚拟社团，将一群兴趣、爱好、特长相似，愿意在测试开发上多做技术贡献的人聚集在一起，对自研工具和第三方工具进行统一管理，包括开发、维护和分享等。我这里有一张测试开发社团运营图（见图 6-7），你们可以看一下我们的测试开发社团的主要运营内容。

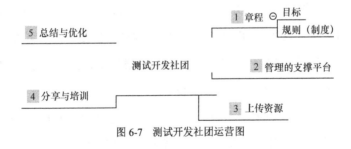

图 6-7　测试开发社团运营图

Sherry：我们也有过类似的想法，但最后没有实现。虚拟社团的运营不容易，章程很重要。你们当初设定的目标是什么呢？

Carl：是的，虚拟社团的运营确实不容易，特别是在需要交付软件版本期间，大家都特别忙，原来建立的社团例会制度经常被打破，与会人员经常请假。我们这个虚拟社团的目标就是围绕业务，管理工具，提升测试效率。

作者：工具确实是测试人员很好的"助手"，它可以帮助测试人员进行一些反复操作且容易出错的工作。

Sherry：Carl，刚才你提到你们平时的工作很忙，尤其是交付版本期间，时间更加紧张，那么，你们的虚拟社团如何确保任务如期完成呢？

Carl：好问题！虚拟社团成员的本职工作时间和社团活动时间有时确实会有冲突，但我们在虚拟社团成立之初，就明确了相关制度，每项任务有 2~3 人负责，包括虚拟社团的日常管理，工具管理的支撑平台的评估和开发，以及定期组织的面向部门、跨部门的分享、培训和推广等任务。虚拟社团运营 3 年多来，还没有成员因不遵守社团制度而退出社团，这得益于大家能从社团的活动中获得成长，同时可以给业务带来贡献。虚拟社团成员开发的工具几乎每年都能获得不同级别的非专利创新奖，这也是虚拟社团获得公司管理层支持、社团规模不断扩大的主要原因。

Sherry：目前，你们的这个虚拟社团有多少人？

Carl：刚成立之初，我们的虚拟社团仅有 3 人，一年后发展成 5 人，现在，主要成员有 10 人。我要强调一点，因公司业务发展的需要，我们的虚拟社团的成员不少服务于不同的分公司，他们虽身处不同的城市，但这并不影响虚拟社团的活动。

Sherry：你们的做法确实值得我们好好学习。

6.5.4 测试环境准备过程的标准化

测试环境是测试工作顺利开展的必要条件。因为测试环境准备过程的多样性和复杂性，以及一些条件的苛刻性，所以很多测试人员都在这方面遇到过麻烦，有些教训还是深刻的。根据 Michael Bolton 的广义测试工具论，我们可以将这里提到的"测试环境"理解为广义的"测试工具"。

下面是 Sherry 分享的"生产端发现软件安装包文件缺失"故事。

【故事背景】

Sherry 所在的公司发布了一款分子诊断仪产品，在工厂装配车间进行软件安装后，软件启动失败，经过检查，工厂发现软件包中缺少一个重要文件。由于客户订单时限将至，因此产品研发团队连夜排查、解决问题，并向工厂发布了完整的软件安装包，以支持工厂生产，及时完成客户订单。

【根因分析】

针对软件安装包文件缺失事件，开发人员按照 5W1H 结构化模式（六何分析法）进行了根因分析，如表 6-6 所示。

表 6-6　开发人员的根因分析

Who（谁）	生产工人
When（什么时间）	2020 年 12 月 9 日
Where（什么地点）	XX 车间
What happened（发生了什么事情）	在装配分子诊断仪时，工厂按照工艺要求安装软件，安装后却发现启动失败，提示"开机初始化失败"
What is risk（问题发生后的风险是什么）	软件不能正常启动，影响产品的有序生产
Why（什么原因）	软件安装包中缺少密钥文件 user.key。此文件为用户正式使用环境下的默认配置文件，软件需要加载此文件，以便操作人员登录软件后能够顺利使用相关功能
How(解决方案)	增加遗漏的文件，重新构建版本并发布

针对软件安装包文件缺失事件，测试人员按照 5W1H 结构化模式从测试验证的角度进行了根因分析，如表 6-7 所示。

表 6-7　测试人员的根因分析

Who（谁）	测试人员 XXX
When（什么时间）	2020 年 12 月 9 日
Where（什么版本）	1.01.00.1290（测试人员在确认此版本时就应该发现"软件安装包文件缺失"问题）
What（发生了什么事情）	测试环境非生产环境
Why（什么原因）	在进行内部验证时，我们通过 Linux 命令将测试使用的 test.key（在实际测试时，测试人员不方便直接使用 user.key 进行测试）复制到闪存（flash）的指定目录中。在对发布版本进行确认时，我们未考虑到需要将 flash 中的 test.key 擦除，导致测试环境中的软件安装包虽没有 user.key 文件，但仍能正常启动。也就是说，在测试环境中，我们并未发现此问题
How(如何防控)	1）补丁版本发布后，我们需要在生产环境下确认更改的有效性，并进行相关影响分析测试； 2）版本发布后，内部复盘总结，我们建议项目团队从流程、测试平台建设方面系统考虑防控措施

【举一反三】

Sherry 所在的公司非常重视此类给客户（我们可以将上面提到的工厂视为内部客户）带来负面影响的问题，因此，项目团队中的开发人员和测试人员必须严格按照公司流程进行根因分析。在相关问题"止血"（解决了相关问题）后的"举一反三"环节中，项目团队需要进行横向的同类产品类似问题的检查，以及纵向的问题环节的梳理。

关于"软件安装包文件缺失"问题，Sherry 所在的团队进行了复盘，并分别从测试和开发角度进行了总结。

（1）测试角度

1）生产环境准备：测试环境并非生产环境（用户的使用环境），这一点必须得到纠正。

2）版本接收：测试人员不接收非自动构建产生的文件。

（2）开发角度

软件安装包中的所有文件需要通过自动构建方式输出，项目团队统一部署，禁止发布"野"版本（非自动构建、不可追溯的版本）。对于需要在测试方向改进的问题，我们主要从项目整体流程上着手解决，增加版本发布前的遍历测试启动检查清单（checklist），其中就包括"生产安装环境"检查项，这部分工作由项目的测试负责人负责落实。Sherry 所在的团队将上述改进措施通过流程在各项目中进行推广，可以确保其他项目不出现类似问题。优化后的需求变更开发流程如图 6-8 所示。

在 Sherry 所在的团队通过流程标准化了测试环境的准备过程后，类似问题得到了有效控制与系统解决。

【思考】

测试工作复杂、烦琐，稍不注意，测试人员就有可能犯测试逃逸的错误。例如，对于 Sherry 分享的案例，即便是经验丰富的资深测试工程师，有时也很难判断测试环境是否与用户端环境一致。在内部测试阶段，时间紧，任务重，测试人员经常与开发人员共用测试环境，这就会造成开发人员改变了测试环境，而测试人员不清楚的情况。于是，一旦遇到此类严重漏测问题，测试人员可能觉得很无奈。一旦有了可以规避问题的流程，我们为什么还要心存侥幸地不按照既有流程开展工作呢？

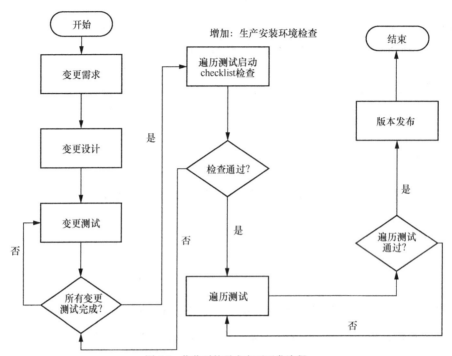

图 6-8　优化后的需求变更开发流程

6.5.5　测试环境准备过程的自动化

计算机软件一般分为系统软件和应用软件。系统软件通常是指负责软硬件资源管理的操作系统，如 Windows、Linux、UNIX、macOS、iOS 和 Android 等。应用软件是指运行在操作系统之上的程序。我们的绝大部分测试对象是运行在操作系统之上的应用软件，也正因如此，我们在发布应用软件的版本时，需要验证应用程序与各类操作系统的兼容性。我们先看下列 3 个场景。

场景一：实验室有多台 PC（Personal Computer，个人计算机），测试人员正在这些 PC 上安装不同系列的 Windows 操作系统，以便进行某款应用软件的操作系统兼容性测试。测试工程师 A 负责该款应用软件的 Windows 7 系列操作系统兼容性测试，测试工程师 B 负责该款应用软件的 Windows 8 系列操作系统兼容性测试，测试工程师 C 负责该款应用软件的 Windows 10 系列操作系统兼容性测试。

场景二：某天，A 软件项目的项目经理接到德国一位大客户的投诉，他指责"在 Windows 10 操作系统的德语环境下使用某版本的 A 软件时，数据计算结果乱套了"。这位大客户要求当天解决此问题，可是你此时没有 Windows 10 德语版安装包，无法重现客户的问题。

场景三：你提交了一个 bug，即"在 Windows 10Home 英文版 64 位环境下，软件安装失败"，可是当时你忘记附上操作系统的事件日志，而开发人员更改此 bug 需要查看此日志。另外，bug 的发现时间是在两周前，原来用于测试的 PC 已被格式化了。如果重新安装操作系统并重现此问题，那么最少需要两个小时。不巧的是，原来用于测试的 PC 有人正在使用。

我们知道，Windows 的每个系列都有多个版本，如 Home 版、Professional 版等，不同版本还有 32 位与 64 位之分，因此，应用软件的操作系统兼容性测试通常可以作为专项测试任务。根据作者的实践经验，在正常情况下，针对应用软件的某一操作系统的某一个版本（含 32 位和 64 位版本）的兼容性测试，我们最少花费 1 天时间（与测试内容有关）。从表 6-8 中可以看到，即使一切顺利，测试完成应用软件通常宣称的"兼容主流 Windows 操作系统系列"这一项（只包含中文版）最少需要 10.5 人天的工作量。当产品销往国外时，我们还必须考虑本地化测试，需要增加应用软件的多语言版本操作系统兼容性测试，安装、切换操作系统，以及测试的时间将成倍增加。

表 6-8 应用软件的操作系统兼容性测试的时间评估

操作系统系列	版本	测试工作量评估/人天	备注
Windows 7 系列	Windows 7 Home Basic，32 位，中文版	1	首次进行安装及测试时
	Windows 7 Home Basic，64 位，中文版	0.5	
	Windows7 Professional，32 位，中文版	0.5	
	Windows7 Professional，64 位，中文版	0.5	
	Windows 7 Enterprise，32 位，中文版	0.5	
	Windows 7 Enterprise，64 位，中文版	0.5	

续表

操作系统系列	版本	测试工作量评估/人天	备注
Windows 8 系列	Windows 8 Standard，32 位，中文版	1	标准版
	Windows 8 Standard，64 位，中文版	0.5	
	Windows 8 Professional，32 位，中文版	0.5	
	Windows 8 Professional，64 位，中文版	0.5	
	Windows 8 Enterprise，32 位，中文版	0.5	
	Windows 8 Enterprise，64 位，中文版	0.5	
Windows 10 系列	Windows 10 Home，32 位，中文版	1	
	Windows 10 Home，64 位，中文版	0.5	
	Windows 10 Professional，32 位，中文版	0.5	
	Windows 10 Professional，64 位，中文版	0.5	
	Windows 10 Enterprise，32 位，中文版	0.5	
	Windows 10 Enterprise，64 位，中文版	0.5	

作者从 20 世纪 90 年代开始接触 Windows 操作系统，见证了 Windows 系列版本的演进过程。后来，作者有机会带领团队对应用软件进行 Windows 兼容性测试。表 6-9 是作者在不同阶段采用过的应用软件的 Windows 兼容性测试环境构建方法。技术日新月异，早期使用的构建方法似乎过时了，但它依然适用于某些场景。

表 6-9　应用软件的 Windows 兼容性测试环境的构建方法

阶段	应用软件的操作系统兼容性测试环境的构建方法	优点	不足	适用范围	建议
1	同一台 PC 安装多个操作系统，通过开机启动菜单选择不同的启动项，进入不同的操作系统	1）无须额外的 PC 资源（可用个人办公计算机，但如果多人使用同一台办公计算机，则不推荐）；2）操作系统以独占方式使用硬件资源，与用户场景一致，一旦发现 bug，开发人员无争议	1）操作系统中安装应用程序后，如果再次被使用，就已不"纯净"，一些 bug 就可能被"隐藏"，这给测试人员发现某些 bug 带来了难度；2）对于多个操作系统的切换，需要不断重启 PC	1）团队：软件产品不多，团队规模小；2）测试内容：无限制	如非特殊情况，建议采用本机安装 VMware 等软件，通过创建虚拟机的方式安装多个操作系统，测试效率提升明显
2	安装虚拟机	1）可以在一台 PC 上安装多个操作系统（理论上没有限制）；2）同一 PC 上可同时运行多个操作系统	1）虚拟机占用硬件资源，而且同时运行多个操作系统时，计算机运行速度会受到影响（与当前 PC 硬件资源相关）；2）在虚拟机上测试应用软件，对于与硬件资源相关的 bug，开发人员可能会质疑	1）团队：团队成员需要经常用到不同操作系统进行调试、测试；2）测试内容：软件功能和界面	当开发人员对在虚拟机上发现的 bug 存在质疑时，作者建议在用户真实场景的系统环境（阶段 1 所述的环境）下再次进行确认

续表

阶段	应用软件的操作系统兼容性测试环境的构建方法	优点	不足	适用范围	建议
3	搭建操作系统云测试平台：在服务器上，利用 KVM 安装多个操作系统，实现异地多人并行访问	1）异地并行使用； 2）多个操作系统同时运行； 3）操作系统使用后不会受到"污染"（仍是"纯净"系统），不影响下一个使用者	1）需要购买服务器； 2）在虚拟机上测试应用软件时，对于与硬件资源相关的 bug，开发人员可能会质疑	1）团队：团队规模大，存在异地协同开发需求； 2）测试内容：软件功能与界面	团队规模越大，越有必要建设操作系统云测试平台。使用该平台的人越多，它的价值越大

对于表 6-9 中提到的 3 种构建方法，每种方法都有其优劣势，我们需要根据自身或团队的需求，进行有针对性的选择。阶段 3 中提到的操作系统云测试平台是作者在大约 5 年前搭建的，目前，该平台已经集成了 80 多个操作系统版本，涉及十几种语言，覆盖主流操作系统。我们采用开源的系统虚拟化模块 KVM（Kernel-based Virtual Machine）搭建了操作系统云测试平台，如图 6-9 所示。目前，这个操作系统云测试平台正在被分布在不同城市的 1000 多人共同使用。

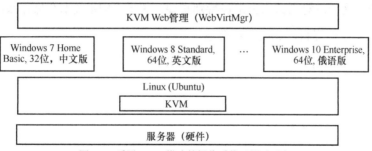

图 6-9　采用 KVM 搭建的操作系统云测试平台

操作系统云测试平台的"登录"界面如图 6-10 所示。

图 6-10　操作系统云测试平台的"登录"界面

用户登录后，可以选择操作系统云测试平台中集成的任何操作系统，然后，单击"启动"按钮，如图 6-11 所示，即可进入对应的操作系统桌面。

图 6-11　选择用于应用软件测试的操作系统并启动

接着，安装待测试的应用软件，进行操作系统兼容性测试。当测试人员使用完用于应用软件测试的操作系统后，退出即可。当另一个人想要使用该操作系统时，可再次启动它，它仍然是"纯净"系统，这一点对测试人员来说特别重要。关于 KVM 技术和操作系统云测试平台的搭建，网络上有丰富的资料，此处不再赘述。

第 7 章　测试创新

本章简介

本章首先通过一个故事，澄清不少测试人员存在的对测试创新的认识误区，并围绕工程实践阐明创新的本质；接着介绍属于测试工作改进的 4 个小案例；然后讲述白盒测试团队组建与应用探索的案例；最后分享了需求测试社团的成立与运营的故事。通过阅读本章内容，读者会发现创新其实并不是那么难，创新思维经常应用在日常工作中，测试创新可以成为一种习惯。

7.1　测试创新的认识误区

测试创新是测试工作中的一个重要主题。若读者对测试创新的理解程度不同，那么看法往往不同。持有正面看法的读者认为测试创新能够给团队带来正能量，而持有负面看法的读者会认为它会导致不少人走入误区。下面是 Carl 与他当年的主管（Lead A）的一段对话。

Carl：公司已发布研发人员可以申报非专利创新奖的通知，咱们部门是否申报？

Lead A：咱们部门有没有可以申报奖项的成果？

Carl：今年，咱们部门有一些创新成果，如咱们部门使用的测试用例框架可以自动导出、自动生成测试方案概要，这是一个小的创新。

Lead A：开发人员的设计工作才有创新，咱们测试部门进行的是验证性工作，哪有什么创新呢？

Carl 感觉被泼了一盆冷水，不知该说什么好，但还是在征得 LeadA 同意的情况下想试试。于是，她向公司负责专利的同事咨询，得到下面的答复：软件开发过程中用到的新方法和新思路，都是一种创新，但一般不申请专利，而是通过申请著作权进行保护。

多年过去了，Carl 依然认为 Lead A 当年的说法存在认识误区，也比较狭隘。Carl 认为，软件测试工作也有其创新之处。

创新其实并不像我们想象的那么难，但也绝非易事。创新的本质是解决问题并带来收益。创新并不一定从零开始，或者打破历史记录。创新的收益有大有小，如研发某款新产品，原计划投入 1000 万元，由于采用某种新技术，使得采购成本降到了 500 万元，那么这种新技术就是一种创新。有时，你可能觉得某个产品或某个产品组件本身并没有创新，但将它们组合在一起，形成一个新产品，创新可能就体现出来了。

7.2　是测试，不为测试

"是测试，不为测试"是指，在软件测试工作中，不能为了测试而测试。如果测试人员"为了测试而测试"，那么这种想法会限制测试人员对测试宽度的认识。

总体而言，当我们选择软件测试作为自己的职业后，从测试新人到这一领域的资深人士，我们大致可经历以下 3 个阶段。

第一阶段：围着 bug 转，以发现 bug 为中心任务，每天都会统计自己提交了多少 bug，多提交一个 bug，就多一点成就感。

第二阶段：站在 bug 之上，不再为自己或团队提交多少 bug 而兴奋，而是带领团队与开发人员并肩战斗，按时、保质、保量地完成项目的交付目标，达成商业的成功，从而带来测试的成功。

第三阶段：与产品融为一体，满足客户的要求。在这个阶段，测试人员不再刻意区分开发和测试，也不再刻意区分软件和硬件。处于这个阶段的测试人员能够做到心中有客户，这里的客户并不仅指终端用户，还包括内部客户或下一道工序的操作人员。想要实现"终端客户"满意，离不开公司内部各个环节的工作质量。只有把"客户第一"落实到企业内部，即下一道工序操作人员就是上一道工序操作人员的客户，对每一环节都把好质量关，才能达成"终端客户"的满意。

第一阶段和第二阶段是比较容易理解的，这两个阶段是大多数测试人员所处的阶段，第三阶段是测试人员的测试认识升华阶段。不同的测试认识会产生不同的测试思维，不同的测试思维会产生不同的测试策略，不同的测试策略会带来不同的测试结果。对事物新的认识是一种新思维的体现，由新思维带来的结果的变化，就是一种创新。

接下来分享测试人员如何与内外部客户连接，从不断刷新的测试认识中改变测试思维，从而在多个方向上做出测试策略改变的案例。

7.2.1 改变测试策略，使不行变行

从厂家的角度来看软件产品，软件产品可以分为两类，一类是处于研发阶段的软件产品，另一类是上线后处于维护阶段的软件产品。一般情况下，处于研发阶段的软件产品在立项后都有一个完整的开发周期，短则几周或几个月，长则 1～2 年，甚至更长。处于研发阶段的软件产品基本上都可按照完整的软件开发流程进行开发，测试时也可按照常规测试流程进行，如图 7-1 所示。

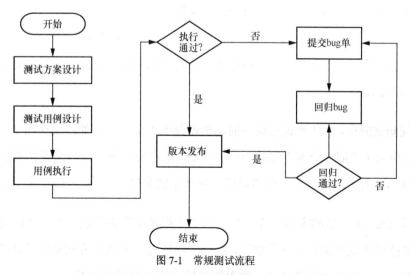

图 7-1　常规测试流程

但上线后处于维护阶段的软件产品则不同，总会有一些突发问题的清单或临时的订单"飞来"，测试人员需要紧急处理。假如你是测试负责人，在面对多任务时，你会如何权衡测试的质量与效率呢？

在下面这个 Sherry 分享的案例中，她作为项目团队的测试负责人，通过测试策略创新的方法解决了看似不能解决的问题。

【案例】识别用户的真实用途

A 产品项目正处于敏捷迭代开发的冲刺阶段，团队中的所有人正为版本的里程碑目标加班加点。某天，公司一位领导和一名项目经理来找 Sherry，说公司接到一个大单，需要在现有 B 产品的基础上定制客户需要的某些功能。时间紧，客户只给了一周时间，而 Sherry 和这位项目经理经过认真评估，认为开发工作至少需要 15 人天，测试工作最少需要 1 人月。

怎么办呢？此任务好像无法完成。据说客户对 B 产品情有独钟，已把预付款打过来了，市场部负责人已答应按时交付，也就是说，这是一个无论如何也需按时发布版本的任务。

于是，Sherry 和 B 产品定制项目的项目经理、开发工程师、测试工程师，以及公司的客服工程师，共同商量对策。在对齐信息的过程中，Sherry 了解到一周后需要发布的版本是该客户（代理商）进行采购商演的版本，并非终端客户实际使用的版本，于是提出"阶段性版本迭代发布"策略，即先发布演示版本，再发布全功能的正式版本，从而满足代理商、终端客户各自的需求。这样，开发人员、测试人员的工作就变得灵活了，时间窗口也变宽了。由于此突击任务的主要瓶颈来自于测试，因此，Sherry 在对齐各方信息后，优化了测试策略，这样，整个测试流程如图 7-2 所示。

相比常规测试流程，优化测试策略后的测试流程的主要不同之处体现在图 7-2 中的虚线框部分。Sherry 增加了"演示版本"的功能确认测试，采用公司统一的风险评估方法评估测试人员提交的问题单。对于短期内无风险的问题，处理原则是暂不解决，以缩短版本交付周期。

通过阅读 Sherry 分享的案例，你是否刷新了对测试原有的认识？类似这种突发的项目任务，一旦不能按照常规测试流程进行测试，我们应该通过各方沟通方式获取足够的信息，调整测试策略，在满足客户需求的前提下，做好测试的进度与质量的平衡。

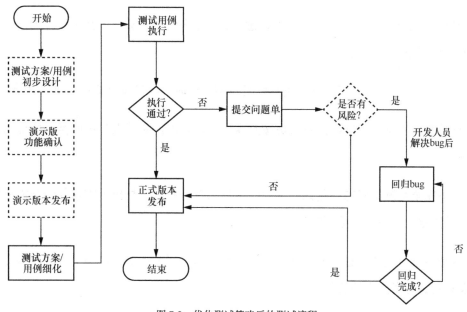

图 7-2 优化测试策略后的测试流程

7.2.2 "打印"功能路径深，丢了上千万元的订单

当作者第一次听到这个故事时，感到有些吃惊，原来软件研发人员一个不经意的设计会带来这么大的商业损失。

5年前的某天，在美丽的深圳湾畔，一家从事医用信息软件开发与销售的公司正在召开年终总结会。公司负责人首先肯定了公司的研发实力，并称赞他们可以在短期内做出性价比高的产品，然后，话锋一转，提到了 X 产品在竞标上千万元的订单中败下阵来的事情。令人意想不到的是，X 产品输给竞争对手的一个重要原因是软件的"打印"功能按钮隐藏得太深，面对医院每天高频打印报告单的需求，用户需要单击4次才能触发打印。UU 是 X 产品的测试负责人，他非常清楚其中的情况，他当初并没有想到"打印"按钮的位置会带来如此大的影响。当时，在项目团队内部讨论需求时，大家基本都认为现在的医院报告单在向电子报告单方向发展，打印报告单功能属于少部分科室的需求，并非主流需求，于是，项目团队想当然地将"打印"按钮放在二级菜单下的一个界面中。

后来，UU 了解到，X 产品的很多潜在客户是县级及县级以下医院，这些医院每天用打印机打印纸质报告单并提供给病人。这让 UU 意识到，原来他们的测试方案中设计的用户场景从一开始就是有偏差的、不全面的。

既然问题出了，那么我们通常会进行复盘总结，此时，我们也许会听到如下声音。

1）这是需求本身的问题，开发人员按照需求实现功能，测试人员按照需求验证功能实现的正确性。

2）这不完全是测试问题。测试方案中的用户场景是测试人员根据需求并结合需要的条件模拟的，是假定的，不充分是正常的。

3）这是多方沟通的问题。如果软件设计出现问题，那么不单单是某一方的问题，而是市场、开发和测试等多方沟通的问题。

……

那么，我们如何避免出现此类问题呢？《人人都是产品经理》的作者苏杰在该书中提到："只要你能够发现问题并描述清楚，转化为一个需求，进而转化为一个任务，争取到支持，发动起一批人，将这个任务完成，并持续不断以主人翁的心态去跟踪、维护这个产物，那么，你就是产品经理。"作者认为，"人人都是产品经理"的观点也适用于软件测试，这是一种测试思维的创新，在这种创新思维的牵引下，测试人员才能跳出测试只是发现 bug 的狭隘思维方式，进而去识别用户使用场景及其价值点。质量就是用户的满意度，质量终归由用户说了算。从软件测试的全面性角度来看，测试人员可以把需求测试、易用性测试纳入测试计划，尽早发现问题并让用户满意。下面是作者针对测试周期各阶段提出的建议。

1）测试前期：在软件版本发布之前，开展需求测试，专门分析需求的合理性和可测试性。在此阶段，测试人员可邀请市场人员、产品经理一起讨论，获取产品用途、销售范围等重要信息，提高需求的合理性和可测试性。这也是测试左移的一种表现。

2）测试中期：在版本迭代开发过程中，每测试一个新功能，测试人员都要考虑其易用性。虽然易用性带有一定的主观色彩，但根据产品的使用场景、用户的操作特点，我们可形成一套易用性测试的 checklist，让每个测试人员都可以执行，共同关注产品的易用性问题。关于用户操作的行为特点，我们可以通过收集日志数据的方法，人工或自动分析数据，从而提升易用性测试的精准度。

3）测试后期：在测试末期，软件经系统测试后进入版本确认阶段，在此阶段，测试人员可以邀请真实用户代表体验软件，并聆听他们的使用感受和建议。

7.2.3 版本发布说明与二维码的故事

理论上，软件是指与计算机系统操作有关的计算机程序、规程和规则，以及相关联的文件、文档与数据，简单来说，软件=程序+数据+文档。但在工作实践中，作为测试对象的软件往往只是可以运行的可执行程序，相关的数据、文档经常被我们忽略，没有得到应有的重视。

对于制造性产品，在版本发布时，我们需要编写一份《版本发布说明》，描述本次版本迭代的主要更改点和软件各组件的版本号，其中的版本号涉及数字，文档编写者有可能出现输入错误。为了防止生产操作人员在安装软件时取错版本，生产工艺中设计了版本号确认环节，即生产操作人员首先获取随同软件版本一起发布的《版本发布说明》，然后用其中记录的软件各组件的版本号与软件实际运行界面显示的各组件的版本号进行比对确认，如图 7-3 所示。生产操作人员一旦发现版本号不匹配问题，会立即向研发团队反馈。此时，生产端通常会发起一个处理不良事件的流程，研发团队需要重新发布版本发布说明。

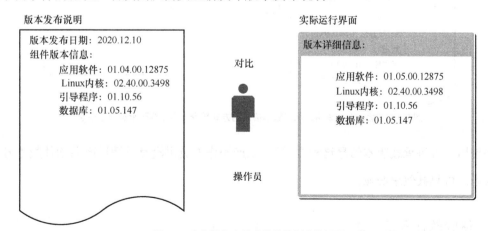

图 7-3　生产操作人员确认软件版本的场景

细心的读者会发现，图 7-3 中的应用软件版本号不一致，这是《版本发布说明》编写时极易出现的输入错误问题。如何才能规避这种问题呢？我们首先想到的是截图方法，即截取软件实际运行时的版本信息，并将截取的图片粘贴到《版本发布说明》中。刚开始，我们认为这个方法万无一失，谁知过了一段时间，生产操作人员反馈《版本发布说明》中的版本信息与软件实际运行时的版本信息不一致。于是，我们找到这份文档的编写者，询问相关情况，原来这个文档编写者觉得麻烦，不想重新安装软件并运行（至少半个小时），而是在上一次归档的图片上对相关版本号进行了修改（利用图片修改工具），可是一不小心改错了。

为了保证版本信息的正确性和工作效率，在经过一番讨论后，我们决定通过技术手段解决问题。测试开发人员开发一个专门的工具软件，该工具软件直接从产品软件的源代码中自动读取版本信息，并生成二维码。于是，原来使用《版本发布说明》承载版本信息的方式转变为由二维码承载版本信息，如图 7-4 所示。这样，我们就彻底杜绝了人工输入版本信息时极易出错的问题，同时避免了研发人员重新安装并运行产品软件的麻烦。生产操作员通过扫描二维码获取版本信息，然后将这些信息与产品软件运行时显示的版本信息进行比对。

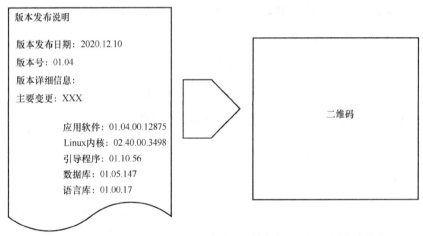

图 7-4　《版本发布说明》承载版本信息的方式转变为由二维码承载版本信息

在使用二维码承载版本信息这种方式后，生产操作人员再没有反馈过产品软件版本号不一致的问题，可见其效果明显。

7.2.4　体验软件升级之痛

因系统软件的复杂性，软件不太可能像硬件系统一样，硬件系统一旦装机出厂，几乎不再有变化。又因用户需求的不断变化，以及可能存在的历史 bug，软件在发布后经常需要升级。

对于以守护软件质量为核心的测试工作，软件升级兼容性测试是必不可少的一步。软件升级兼容性测试是通用性较高的测试。下面是 Carl 与 Sherry 针对软件升级兼容性测试分别发表的一些心得与看法。

Carl：对于我们公司研发的录音笔、手机等消费类数码产品，我们在存储空间上对用户数据与厂家数据进行了隔离。在一般情况下，软件升级不会影响用户数据，然而，因为厂家配置数据与软件程序位于同一存储空间，所以它是我们的测试重点。我们开发了一个自动对比升级前后文件的工具，它可以帮助我们解决大部分升级兼容性验证方面的问题。

Sherry：我们公司的产品体系复杂，包括嵌入式设备程序、C/S 结构的 Windows 应用程序和 B/S 结构的网页交互式程序，因此，我们公司的软件升级兼容性测试因测试对象的不同而有所不同。但无论何种程序，我们必须要保证软件升级前后用户数据的一致性。不过，就软件升级兼容性测试工作，我觉得我们过于聚焦测试对象本身，往往从设计的角度假设软件升级后终端用户可能遇到的各种场景，而实际上，大型医疗设备软件的升级是由公司内部或第三方公司专业的用服工程师或技术支持人员（TS，Technology Supporter）上门进行的。可是，我们研发内部对这一营销服务模式了解并不多，容易忽略真正使用升级功能的用户的使用流程，以及他们的真正诉求。下面我想讲一个我和一名用服工程师在一家医院升级软件的故事。

作者：好的。

Sherry：我们公司生产的血细胞检测仪正在某医院的检验科的实验室中紧张运转，每天完成 500～1000 个体检样本的测试，软件升级只能安排在交接班之前的一段空闲时间，一般为下午的 14 点～16 点。16 点是检验科中班人员的上班时间，他们希望仪器在这个时间点之后可以正常工作。

Sherry：那天，我与一名用服工程师一起来到医院。他首先打开笔记本电脑上的《软件升级指南》，我仔细一看，发现这个文档就是某开发工程师编写的，现在它却成为了用服工程师的 SOP（Standard Operation Procedure，标准操作程序）。对于这份文档，测试人员并没有确认过它的正确性与完整性。这名用服工程师仔细看着升级指南，一步步进行操作。当软件界面上的提示与升级指南不一致时，他马上拨通电话向同事求助，直到得到确切的回答后再往下进行。

当时，我感到内疚，因为软件是我们（项目研发团队）做出来的，升级指南也是我们写的，当软件有变化时，我们并无同步更新之前传递给他们的《软件升级指南》，这必然导致他们在上门升级软件时时常打电话确认情况的局面的出现。当多次出现不一致问题时，这名用服工程师看起来非常紧张（见图 7-5）。在将近两个小时的软件升级过程中，我一直在思考一个问题——用服工程师也是我们的内部客户，我们为何就把他们给忽略了呢？

图 7-5　用服工程师现场软件升级场景

Sherry：后来，在与这名用服工程师进行了简单的交流之后，针对软件升级，我设计了一张研发人员（包括开发人员和测试人员）与用服工程师的观点对比表（见表 7-1），你们可以看一下。

表 7-1　研发人员与用服工程师的观点对比

序号	研发人员	用服工程师
1	测试人员：打开升级程序，选择升级文件路径，单击"升级"按钮，根据界面提示进行操作，升级过程会出现进度条，直到提示"升级成功！"	用服工程师：在软件升级过程中，注视着界面上的每一个变化，等待时间稍微一长，如超过 1 分钟，或者进度条不动，就会怀疑软件崩溃而终止软件运行
2	开发人员：我已写了详细的安装升级指南，用服工程师应该能够读懂	用服工程师：虽然我们接受过软件安装升级的相关培训，但软件升级是否可以智能一些，就像手机上的 App 升级，App 自动检测有无更新，用户只需要确认是否升级，一旦确认，程序便自动升级，整个过程无须人工干预
3	开发人员：未考虑某产品使用不属于该产品的软件升级包进行非法升级的情况	用服工程师：我们同时维护多个产品，笔记本电脑上会有多套软件的软件升级包，一不小心会使用错误的软件升级包进行升级操作，希望研发人员添加软件升级的防呆措施，在出现软件升级包选择错误时，软件升级能够自动终止
4	开发人员：在实验室环境下进行测试时，我们不太可能考虑到客户端的一些特殊场景	用服工程师：每家医院的设备使用环境不同，如某医院将我们公司生产的仪器放在一个小房间里，安装软件的 PC 放在一个封闭的柜子中，安装 3G 网卡后，基本没有信号（仪器有远程通信功能），导致 3G 网卡的工作状态经常为"fail"，安装过程耗时变长

在阅读了 Sherry 讲述的故事后，你是否会认为现实中的一些研发活动是在"闭门造车"呢？我们一直在强调"以客户为中心"，那么，到底谁是我们的客户呢？我们经常说要重视用户场景，可是，我们是否真正清楚用户场景是什么样的？用服工程师是我们的内部客户，也是与终端用户打交道的一线工程师，只有与他们多交流，我们才能真正了解用户的使用痛点，为他们找到更合适的解决方案，从而改进研发过程。另外，我们应该尽量为用服工程师提供最新、详细、准确的《软件升级指南》，提高终端用户的产品满意度。

7.3　白盒测试应用探索

在软件测试领域，黑盒测试与白盒测试是常见的两种测试方法。由于黑盒测试的入门门槛较低，易上手，因此大部分测试人员都在使用它。而当我们不断深入业务，理解开发人员的设计架构后，会遇到一些黑盒测试方法难以解决的问题。于是，独立于黑盒测试的方法探索自然摆在了想要寻求改变的测试人员面前。

Carl 与 Sherry 都有丰富的探索不同测试方法的经历，有些方法探索成功了，它们就可作为优秀实践，有些方法探索失败了，但经验值得我们借鉴。

7.3.1　白盒测试团队的组建

10 多年前，Sherry 得知某公司正在招聘白盒测试工程师，于是在某个工作日前去应聘。在经过一番交流后，面试官了解了 Sherry 的专业知识水平和丰富的项目团队领导经验，并对她在技术上的刻苦钻研精神颇为欣赏，决定免笔试直接录用她。但是，Sherry 获取的职位并不是她当初应聘的白盒测试工程师，而是系统功能测试工程师。

Sherry 刚进公司不久，就被安排到公司正在研发的小型医用血细胞分析仪 MBC-380 项目。这个项目是公司的重点项目，软件研发团队结构如表 7-2 所示。

表 7-2　MBC-380 项目软件团队结构

职位	主要职责	人数
软件需求工程师	软件需求的调研、收集、分析、编写；需求的管理与维护	2

职位	主要职责	人数
软件开发工程师	软件架构设计、模块设计、编码、调试和版本发布	6
软件测试工程师（白盒测试方向）	从代码实现层面守护软件质量	3
软件测试工程师（黑盒测试方向）	从用户功能层面守护版本交付的质量	3

通过观察表 7-2，我们可以看出该项目的开发人员与测试人员的人数比例是 1:1。现在我们再看一下大型科技类公司的相关数据，见表 7-3。

表 7-3　大型科技类公司的开发人员与测试人员的比例

公司	测试工程师职位	主要职责	开发测试比
华为	TE（测试工程师） TSE（测试系统工程师）	保证软件质量； 面向客户交付的验收测试； 多级工具开发团队共同完成流程、工具、技术更新	2:1～4:1
微软	SDET（软件开发工程师，测试方向）	保证软件质量； 提升研发效率	1:2
腾讯	TE（测试工程师）	尽可能地发现导致商业目标无法达成的缺陷； 体验测试； QQ 平台测试侧重质量保障	3:1
谷歌	SDET（软件开发工程师，测试方向）	帮助开发人员更快、更好地进行测试； 帮助产品人员更好地采集使用信息和用户反馈信息； 安全性、可靠性、性能等专项测试	20:1

注：摘自杨晓慧编著的《软件测试价值提升之路》。

毫不夸张地说，即便是今天，该公司在测试上的投入也是"奢侈"的，从中我们也可以看出该公司对软件质量的重视程度。Sherry 说，该公司在其他专业方向上的做法也是类似的，如在产品的机械、硬件和临床各方向的开发与验证方面都有大量投入。Sherry 在之前的职业经历中从未接触过，她认为这与医疗设备行业的特殊性有关。

当 Sherry 加入项目团队时，该项目已经启动一段时间了，但她是最早加入项目的系统功能测试方向的工程师。后来，Sherry 了解到，负责白盒测试的测试工程师是与开发人员一起在项目早期投入项目的，在整个开发过程，他们与开发人员一起参加软件的架构设计、模块设计、设计评审等一系列开发技术活动，并同步开展对应的模块级白盒测试相关工作。刚开始，白盒测试团队只有两个人，测试经理又招聘了一个新的测试工程师，于是，白盒测试团队就组建完成了，共 3 人。

7.3.2 项目中的应用结果

在黑盒测试团队的组建方面，Sherry 在功能版本大规模交付测试的前两周加入，因工作需要，后面陆续加入两个人。黑盒测试团队的 3 个人一起奋战了 6 个月，从零开始编写了 6000 多条功能测试用例，每条测试用例至少执行了两遍，最后提交 967 个 bug，其中 95% 被解决。白盒测试团队的工作重点是通过编写脚本来测试软件代码，共提交 113 个 bug，30% 被解决，对于有约 13 万行代码的这套嵌入式设备软件，千行故障率（bug 数/代码总行数）约为 0.87‰。白盒测试与黑盒测试的投入产出情况见表 7-4。

表 7-4　白盒测试与黑盒测试的投入产出情况

测试方向	投入（人月）	产出（测试设计）	产出（bug）/个	故障解决率	千行故障率
白盒（代码）测试	30	测试方案，测试人员编写的 3 万多行测试代码	113	30%	0.87‰
黑盒（功能）测试	18	测试方案，功能测试用例 6000 多条	967	95%	—

从表 7-4 展示的数据来看，白盒测试的投入与产出效果远远不及黑盒测试。半年后，白盒测试团队被解散，其中两人离职，1 人转岗到软件开发部门。为什么该公司要解散这个团队？该公司的解释是公司业务的变化导致不再需要白盒测试。

从产品上市后的表现来看，鲜有软件问题的用户反馈，说明整个测试团队的工作是很不错的。10 多年过去了，该产品仍在销售，且销售数量不少。作为后来成为此项目测试负责人的 Sherry 客观地分析了团队当时的情况。

7.3.3 应用结果分析

Sherry 看到白盒测试团队解散，心中自然有些失落。她在思考两个问题：为什么项目团队追求的白盒测试的效果不尽如人意？是团队的期望过高，还是当初的想法就存在问题？下面是 Sherry 自己的回答。

1）从测试策略层面来看，白盒测试与黑盒测试在把控软件质量的技术方向上是不同的，相互之间存在很好的互补关系。这方面可以在白盒测试工程师提交的"已解决"bug 中得以体现，例如：

- ❑ 代码中实参与形参的数据类型不同，实参定义为 unsigned int 32，而形参传递时为 unsigned int 16；

- ❑ 某函数代码申请了内存但忘记释放，存在内存泄露问题；

- ❑ 在某些情况下，代码中的数学公式存在分母为 0 但未判断的情况。

其实，系统功能测试难以主动发现类似问题。MBC-380 产品上市后，性能稳定，质量可靠，这说明白盒测试团队在代码设计质量验证方面的贡献是很大的。

2）白盒测试从开发设计、代码内部逻辑、编码规范出发，结合软件需求，设计测试方案，编写测试代码。其中，利用代码静态分析或动态插桩调试等手段对软件进行测试。在测试设计层面，白盒测试与黑盒测试是不同的，输出方面没有可比性。但白盒测试的故障解决率只为 30%，这是一个值得思考的问题。其中一个原因是，在黑盒测试团队进入项目后，对于相同的测试对象或版本，白盒测试和黑盒测试两个方向的测试人员提交的 bug 存在较多重复，开发人员在故障库中把黑盒测试工程师提交的 bug 置为"已解决"状态，而把白盒测试工程师提交的相同 bug 置为"已重复"（测试人员确认已重复 bug，可直接关闭，并且不将它计入有效 bug）状态。

另外，在测试内部，白盒测试和黑盒测试两个方向的测试人员出现批量提交相同 bug 的问题，这说明测试的内容存在重复，是一个值得测试团队负责人反思的问题。

3）从管理角度来看，白盒测试团队成员投入项目时间早，投入不算少，可见当初公司的管理层是很重视白盒测试的。但从白盒测试人员提交了较多（约占 bug 总数的 1/3）与编码规范相关的 bug 来看，开发人员在编码规范的执行上存在不少问题，且那些问题单的处理基本都被取消或延期了。从测试的投入产出比来看，在开发团队的成熟度不太高时，我们不必把编码规范的检查作为测试的重点。

7.4　需求测试社团的运营

在传统的软件开发模式中，软件需求涉及的一系列工作由专门的需求工程师负责，由他输出需求文档，需求文档可作为开发人员与测试人员的输入。在敏捷开发模式流行的今天，专职需求工程师角色已越来越模糊，取而代之的是 PO（产品负责人），他负责需求规格的定义和需求的澄清。在经过 PO、开发工程师与测试工程师的共同讨论后，首先制订指导开发过程的详细需求，然后将详细需求形成文档化的详细设计需求，最后由开发工程师完成需求的代码实现。有些项目团队片面理解《敏捷宣言》中的"工作的软件高于详尽的文档"原则，经常出现某软件功能已经实现，但对应的需求文档"粗糙"或缺失的问题，这使得后面加入项目的工程师在熟悉项目时无从下手。时间一长，可能谁都不清楚此功能当初为什么这样实现的了。

在敏捷开发过程中，对于需求相关的问题，我们如何及时发现呢？我们如何对需求进行管理呢？接下来，作者介绍一个由一群喜欢探索的测试工程师组成的需求测试社团，讲述他们克服重重困难并解决问题的故事。

7.4.1 社团创建背景

需求是开发人员与测试人员的重要输入，它对软件研发工作的重要性不言而喻。调查报告 *An Information Systems Manifesto*（作者为 James Martin ，由 Prentice-Hall 出版社于 1984 年出版）表明，56%的缺陷其实是在软件需求阶段被引入的，而这其中的 50%是由于需求文档编写有问题、不明确、不清晰、不正确导致的，剩下的 50%是由于需求的遗漏导致的。

虽然调查时间离现在有些久远，但需求相关的问题依然存在。无论是开发人员，还是测试人员，在项目总结时，总少不了提出需求相关的问题。下面是常见的需求相关的 3 类问题。

1）需求编写问题。需求不明确、不清晰，甚至不正确。

2）需求遗漏问题。需求变更频繁，定义不全面。

3）需求管理问题。需求的制订、优先级、审计和实现等管理方面上的问题。

对于上述需求相关的问题，作者同样遇到过，但在一次又一次的总结后，想要思考解决方案并着手解决时，却又开始忙于下一个项目。于是，问题依然未能有效解决，而是陷入一个恶性循环。既然需求相关的问题不能通过常规方法得到有效解决，那么我们只好另辟蹊径，采用

"虚拟团队"（形式上的团队）的方式来解决。以虚拟团队的形式，可以聚集一批有相同的需求相关的问题，并有意愿通过解决这些问题来获得更好的绩效及成长的人。其实，这种做法也符合《影响力》一书中提到的"互惠"原则。

于是，在 2017 年的某一天，作者在公司内部发起了组建"需求测试社团"的倡议。接下来，作者简单介绍一下需求测试社团的运营模式、运营计划，并提供结构化需求编写模板。

7.4.2　社团运营模式

在一次集体线下会议后，我们的需求测试社团便宣告成立了，如图 7-6 所示。虽然需求测试社团成立之初只有 9 名成员，但他们来自公司的不同产品方向，这不仅可以引发不同人之间的思维"碰撞"，还可以帮助大家打破自己固有的惯性思维。

图 7-6　需求测试社团成立会议

下面作者简单介绍一下需求测试社团的运营模式。

（1）社团组成

设置一名社长和一名副社长，他们负责社团管理工作。其余人员为社团成员。

（2）角色与分工

社长：负责社团的整体运营与管理，决策开展的主题范围，确保目标达成的效果。

副社长：负责主题开展活动的安排，以及过程跟踪与管理。

成员：结合工作，完成主题实践，并进行总结与分享。

需求相关的问题主题的具体分工表见表 7-5，我们会根据每个成员的职能方向和特点，进行合理分工，后续还可进行调整。

表 7-5　需求相关的问题主题的具体分工表

主题	组长	成员
需求编写问题		
需求遗漏问题		
需求管理问题		

（3）活动期

1 年。

（4）活动时间

晚上或周末。每 3 周至少进行一次例会，每次 2 小时。

（5）活动地点

公司会议室。

（6）参加与退出机制

对于选定的主题，新成员可以随时加入。成员超过 3 次未参加例会，自动退出社团（特殊情况除外，如休产假）。

（7）会费

为了社团持续发展和调动成员的积极性，每人出资 100 元，作为社团经费。

（8）奖罚机制

在这 3 个主题小组中，如果某个或某些小组按计划完成了任务，并在项目中进行了实践，那么可以得到一定的物质奖励。否则，将会受到一定的物质惩罚。

（9）会议组织

各小组轮流组织会议。在当次会议结束时，确定下一次会议的组织小组及讨论主题。

（10）配置管理

社团的输出物统一上传到配置库中。

7.4.3　社团运营计划

需求编写问题可能是开发人员和测试人员抱怨最多、反映最为强烈的一类问题，自愿加入这个主题的成员自然多一些。在分组之后，我们参考麦肯锡解决问题七步法，并结合自身情况进行了一些调整，设计出了社团运营计划，见表 7-6。

表 7-6　社团运营计划

序号	阶段	目标	责任人	时间	备注
1	问题调研	收集各产品线需求类问题	XXX		一次性调研所有需求类问题
2	问题分析	问题汇总分类，各主题小组找出各自方向的关键问题	各组组长		
3	制订解决方案	每一位成员贡献一种解决方案，最后确定最优方案	各组组长		
4	试用	在各产品方向上，寻找合适的项目并进行小范围试用，试用期：3 个月	各组组长		
5	试用总结	总结试用情况，决策是否推广	社长		
6	推广	培训、宣传、推广	社团全体成员		
7	方案落地	在各产品方向上，进行全面应用	各职能部门经理		
8	复盘	回顾各主题小组的活动过程，总结经验与教训，积极"疏通"不畅节点，形成解决问题的闭环	各组组长		

7.4.4　结构化需求编写模板

正如 7.4.3 小节中提到的，需求编写方面出现的问题相当多，因此，我们必须认真对待，及时解决。根据需求测试社团的需求编写问题小组成员的调研结果，我们对需求编写问题进行了分析及分类，如图 7-7 所示。

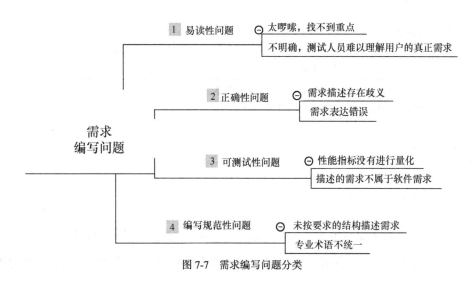

图 7-7　需求编写问题分类

在明确了相关问题后，我们自然要寻求解决方案。在需求问题小组成员贡献的多个解决方案中，我们投票选择了"结构化需求编写模板"方案。在经过多次讨论后，我们设计了表 7-7 所示的结构化需求编写模板。

表 7-7　结构化需求编写模板

【背景】
格式：谁（who）希望在什么情况下（where/when）如何操作（How），以满足什么（What）用途，给客户创造什么样的价值。
案例：医生使用一款医疗设备的"打印"功能的背景描述。
实验室医生在每天早上上班后，打印仪器状态数据报表，以完成报表的每日备案，因为实验室作业的合规性需要第三方检查机构审计，而备案报表可以作为作业合规的证据之一。

【UI 界面】
格式：业务功能对应的 UI 界面示意图。（无则为空）
案例：略

【主场景】
格式：采用步骤化方式，描述用户使用该功能的主要场景。
案例如下。
前置条件：打印机正处于联机状态。
步骤 1：用户进入"仪器状态"界面，单击"打印"按钮。
步骤 2：用户审核报告单并签字。

续表

【分支场景】

格式：采用步骤化方式，描述用户执行主路径过程中的分支场景。

案例如下。

前置条件：打印机未连接。

步骤 1：用户进入"仪器状态"界面，单击"打印"按钮，弹出"打印机未连接"提示框。

步骤 2：用户单击"确定"按钮，提示框关闭。

【功能规则】

格式：描述业务的功能、数据、性能要求，以及与其他业务的关系。

案例：

打印报表数据与界面显示一致；

报表底部打印当前系统日期与时间；

报表格式、打印份数可由用户自定义；

在数据超过一页时，自动打印下一页。

　　在确定了结构化需求编写模板后，需求测试社团决定为它寻找合适的试用项目，但后来发现，推行的阻力较大，因此，作者主动申请在自己负责的项目中先行试用。随着"结构化需求编写模板"效果的不断体现，加之社团成员的积极推广，该模板逐渐得到大家的认可，并在不同的项目中得以广泛应用。

第8章　测试工作评价

本章简介

本章从关于测试工作评价的对话开始，首先给出常见的测试工作评价框架；接着围绕测试工程化的思路，介绍对项目前期测试工作量的评估方法，探讨评估的工作量总不准确的原因；然后从认知漏测出发，通过几个有代表性的漏测案例，找到关于漏测的防控措施并探讨如何落地，跳出漏测来看测试工作的评价；最后探讨如何判断测试工作本身的质量和效率的相关问题。

8.1　关于测试工作评价的对话

对于软件开发工作，无论采取何种开发模式和设计架构，最后输出的是能够向用户提供价值的软件。软件测试工作的输出有哪些？最后向用户提供什么？这些问题并不是那么容易回答。关于测试工作的评价，相信每个测试人员都有自己的准则或看法，这些准则或看法与不同行业有密不可分的关系。下面是 Carl、Sherry 和作者关于测试工作评价的对话。

Carl：在多年从事软件测试工作过程中，我曾经的两位老板和我讨论过"如何评价测试工作"问题。A 老板认为，开发工作的好坏可通过后面的测试工作得到评价，如果开发人员的设计、编码存在问题，那么可以从测试人员提交的 bug 中反映出来，但是，软件在测试工程师验证完成后往往被直接发布到客户端。于是，A 老板想知道如何评价测试工作的好坏。B 老板提到，测试工程师的个人绩效自评中基本都会提到当年提交的 bug 数量。于是，B 老板提出了"对于测试工作，除 bug 数量以外，是否还有其他可量化的数据"问题。

Sherry：我也遇到过类似的情况。

Sherry：如何评价测试工作的确是一个问题。我们团队制订了一套内部评价标准，并会定期更新。我给你们看看这张测试工作评价表（见表 8-1），这张表不一定适合每个公司的每个组织，但它有一定的代表性。

表 8-1　测试工作评价表

类型	要项	定性评价要素	定量评价要素	说明
测试的分析与设计	测试方案	1）应用范围； 2）复杂度	评审反馈问题数	范围：包括跨产品复用、单个产品使用
	测试用例	1）易读性； 2）可执行性； 3）易维护性； 4）可复用性	1）新增、修改、删除测试用例数； 2）测试用例"揭露"bug 率； 3）测试用例的代码覆盖率	
测试执行	测试用例执行	测试用例执行的难度	执行测试用例数（条）	
	测试记录	记录的真实性		
		记录的合规性	不合规数量（个）	
问题单管理	问题单描述	1）描述的合规性； 2）操作步骤是否可重现 bug		1）描述是否符合故障管理规范； 2）其他人员是否可重现 bug
	有效问题单		数量（个）	
	问题单的危害程度		致命、严重、一般、轻微问题的比例	
	无效问题单		数量（个）	
	bug 回归	回归的充分性		
	漏测 bug		数量（个），危害程度	
流程建设	模板、指南、规范	1）创新； 2）改进或优化； 3）推广		
	团队工作流程	1）难度系数； 2）落地推广		
	跨专业或部门的工作流程	1）难度系数； 2）落地推广		
测试开发	测试工具	1）创新性； 2）难度； 3）价值		

续表

类型	要项	定性评价要素	定量评价要素	说明
专项测试	自动化测试	1）难度； 2）价值	自动化测试的投入产出比	
	性能测试、可靠性测试	1）难度； 2）价值		
培训与总结	培训	1）难度； 2）价值	1）参加人数； 2）评价分数； 3）培训次数	
	总结	总结经验		

Carl：此份评价表已经设计得比较全面了，特别是对常规的功能测试工作输出的评价。但有些要项的评价，我们在实际工作中并不一定每次都会开展，如代码覆盖率。

Sherry：没错，对于此表中提到的要项，我们会根据项目的具体情况进行选择，但有几项是必需的，如测试方案、测试用例、测试记录、问题单。

作者：在对测试工作的输出进行评价之前，我想我们应该思考为什么要评价，或者评价的目的是什么。如果只是为了每年或每季度的绩效考核，仅在形式上走走流程，那么并没有多大意义。

Carl：说得很好！想要回答你提出的问题，我们还是要回到测试的起点，先思考一下软件测试的目的是什么。在软件测试时，我们想要通过测试高效地发现尽可能多的问题，这就体现了测试工作的质量与效率。

Sherry：对，测试工作评价的目的就是提高质量与效率。例如，bug 回归的充分性对软件的稳定性影响较大，于是，我们对问题单处理流程进行了改进，通过配置让流程自动化，请 SE（系统工程师）审核严重故障的排除结果，请 TSE（测试系统工程师）审核严重 bug 回归的充分性等。

测试活动众多，相关影响因素也多。而且，实际的测试工作并不是孤立进行的，与需求、开发等工作密不可分。接下来，我们提供实际工作中常见的几个案例，并给出相关问题的解决方法。

8.2　预算的人月总不够

《人件》的作者对 500 多个来自研发一线的项目进行了统计，结果表明，15%的项目出现了问题，即项目取消、终止或延期，或者交付的产品从未被使用。项目规模越大，出现问题的概率越高。

在每年的公司项目总结大会上，你也许会听到公司的一些项目被延期或取消，或者某些产品上市后没有达到预期等。其中涉及的影响因素较多，如公司整体研发管理水平、研发各职能方向的专业能力、工作量评估等，前两项已超出本章的介绍范围，此处仅就软件开发相关的工作量评估进行探讨。

8.2.1　常见的工作量评估方法

在过去 10 多年间，作者参与了不少软件项目。作为软件测试方向的代表，作者经常参与工作量的评估，每次都是使用之前项目总结的经验。在产品业务类似的情况下，如果新项目的规模与之前的某个项目相差不大，则选取它作为基线，然后设置一个向上或向下浮动的比例，就可以得到一个数据，这个数据便是评估的工作量。

我们将选取的作为基线的项目在完成时的工作量记为 S，然后根据待评估项目的规模、待投入的资源情况等，设置一个基于经验的向上或向下浮动的系数 K（K 的取值范围为 0～1），得到待评估项目的工作量，见式（8-1）。

$$T = S +/- (S \times K) \qquad (8\text{-}1)$$

式（8-1）中，+/- 表示加或减。

实践证明，对于研发周期为 1～2 年，人员、业务需求都比较稳定的中小型项目，根据式（8-1）计算的工作量与实际工作量相差不大。值得一提的是，在敏捷开发计划会上，无论是开发人员还是测试人员，在评估所领任务点的工作点数时，此公式一样适用。此时，S 是我们选择作为标准任务的工作量点数。

关于经验论的应用，即优秀实践方法的应用，此处再介绍一种，读者可以进行对比。《构建之法》的作者邹欣在其博客中提到过，在长期的工作实践中，他总结出了一套经验公式，见式（8-2）。

$$Y = X + / - (X/N) \tag{8-2}$$

式（8-2）中，X 为他做某个开发工作的估计时间，N 为他做过类似开发工作的次数，Y 为他最终需要的时间。

关于工作量的评估，作者相信业界还有其他版本的公式。上面两个公式有一个共同的特征，即公式中的 S、K 或 X、N 的确定或估计依赖有经验的人。在一次项目的敏捷计划会上，对于同一个用户故事，当团队成员纷纷给出自己的评估工作量时，作者发现一位入职不到 1 个月的新同事 Lisa 默不作声。会后，作者向她询问情况，她说她从来没有实现类似需求的经验，不知道如何评估工作量。

对于刚入行的新员工，或者没有类似项目经验的员工，他们在项目中的工作量如何评估呢？在实践中，我们会请一位资深员工代为评估，工作也由这位资深员工安排与指导。一般情况下，在完成几个用户故事的任务后，面对一个新的用户故事，他们会开始评估工作量。

8.2.2　评估工作量，我们常常盲目乐观

式（8-1）和式（8-2）看似简单，好像工作量的评估没有什么难度，具备一定经验的人都可以做。事实并非如此，事情也从来没那么简单。在项目的前期，特别是项目的概念阶段，项目经理需要各专业方向代表给出预估工作量，这对各专业方向代表来说是相当有难度的。在项目的中后期，当项目的核心用户场景已确定、用户需求已明确、框架的设计也已成形时，后面的详细设计阶段的工作量评估会容易很多，应用上面的公式应该没有太大问题。

下面是一则与工作量评估有关的故事。

很早以前，一群西班牙探险者来到科罗拉多大峡谷，他们站在峡谷南岸俯瞰深谷中蜿蜒的河流，觉得那不过是一条小溪。队长估计他们用不了一天时间就能跨越峡谷，于是率领大队人

马出发。等下到峡谷一半的地方时，他们才发现河流湍急。由于探险队装备不够，因此需要原地返回。队员身心俱疲。

在研究一些失败或延期的项目后，作者发现，这些项目团队的大部分高估了团队自身的能力，存在盲目乐观的情况。另外，这些项目团队的大部分缺乏对未来不确定因素或变化情况的风险意识，更不用提制订风险的防控措施了。

多年前，作者经历了一个严重超期的项目，该项目原计划 1 年，实际上花费了近两年时间。其实，该项目的规模不大，在我们已完成的项目中，它属于中等规模。另外，相比公司之前研发的类似项目，该项目除核心算法变化较大以外，其他地方的变化不大。

为什么该项目会延期如此之久呢？经过事后复盘，我们发现，该项目涉及的核心图像算法在识别某一类疾病患者的数据时，识别率不能达标，这将严重影响将来产品在市场上的销售，更重要的是，市场人员已在针对此产品功能进行市场推广，甚至收到了一些客户的产品定金。为了信守对用户的承诺，我们只能选择继续攻克难关。然而，即使我们加班加点，也不能按原计划进行产品发布了。既然项目已经延期，那么我们决定更换问题解决思路，重构算法。在历经成千上万次的实验、调试后，产品功能终于达到了预期，但遗憾的是，产品比预期晚了近一年才推出。

8.2.3　华为的印度工程师的高准确率预测

关于软件研发工作量的评估，作者过去一直采用上文提到的基于经验的公式，评估时的参考对象是之前测试过的同类型项目，一般情况下，评估的工作量偏差不大。对于工作量评估得更加科学和精准的方法，作者并无过多研究，但自从阅读了《研发困局》中关于印度工程师工作方式的故事，感触良多。

1997 年，华为到印度班加罗尔开办研究所，很快就在当地招聘了十多名印度工程师。从深圳过去的华为研发主管开始给印度工程师交代研发程序，安排研发任务。在过了一周后，研发主管检查他们的工作进度，发现他们基本上没有开工。研发主管非常奇怪，他知道印度工程师一直以执行力著称，但是他不明白的是，对于他交办的任务，为什么他们却没有动手。细问之下，他才知道，印度工程师正在等待主管给他们下发编程规范，包括需要用到的方法和工具。

或许，你会觉得这则故事只能说明印度工程师非常遵守流程规范，做事职业化，与工作量的评估并没有多大关系。其实，正因为印度工程师做事严谨、职业化，对于同一个项目，他们评估的工作量一般是准确的。《研发困局》一书中提到：某一个华为在印度的合作项目，中方工程师预测工作量为 22 人月，印方工程师预测工作量为 36 人月，实际工作量为 35 人月。印方工程师的预测准确率达到了 97% 以上，而中方工程师盲目乐观，导致预测准确率仅为 63%。《研发困局》一书中还提到，印度工程师采用一系列科学方法进行工作量的预测，包括定义工作范围（scope），以及采用 WBS（Work Breakdown Structure，工作分解结构）和 COCOMO（Constructive Cost Model，构造性成本模型）。

方法固然重要，但软件研发的工作量评估还涉及其他诸多方面，包括团队成员的能力，人与任务的匹配度，以及团队成员的职业化工作态度（如对开发流程规范的遵守）。《研发困局》一书中还提到，印方工程师应用需求跟踪矩阵来保证每一行代码都能追溯到需求，保证文档和代码一致。而在我们的一些敏捷研发项目中，需求、设计方案等经常都是在项目快结束的时候才被开发人员整理成文档并归档，以便应付公司的项目管理流程。

8.3 跳出漏测看测试

8.3.1 认知漏测与帕累托法则

软件系统产品的开发是一个工程化的过程，涉及多个团队的合作，以及多种技术和复杂流程，而且所有产品的开发都是有时间限制的，在有限的时间和资源的情况下，想要构建零 bug 的软件，几乎是不可能的，其实，也没有这个必要。但是，这并不意味着测试通过后发布到客户端的版本出现漏测问题就是理所当然的。实际上，当成为软件测试工程师的第一天，你就承担起了守护软件质量的职责。

然而，在现实中，每个软件产品上线后，项目团队会或多或少地收到客户反馈的问题，这些问题中的一部分属于测试过程中的漏测问题。既然漏测问题客观存在，那么我们首先要正视它，然后想办法尽量降低漏测数量。另外，测试人员要尽最大努力保证用户常用功能场景不出现漏测问题。

接下来，我们介绍一下帕累托法则①（见图 8-1）在软件测试中的应用。

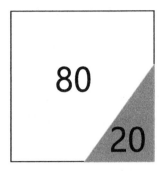

图 8-1　帕累托法则

从整个系统或子系统角度出发，我们可以选取其中 20%的重要功能模块，并将它们作为重要的测试对象。注意，在实际项目中，单个测试人员往往接触的只是产品系统的某个模块或子模块，因此，重要功能模块的选取和整个产品的系统性测试策略由 TSE（测试系统工程师）负责为宜。从某个功能模块角度出发，我们可以选取 20%的重要测试用例。如何选取呢？我们先看两种测试用例级别定义方法，分别如表 8-2 和表 8-3 所示。

表 8-2　测试用例级别定义（使用风险）

测试用例级别	测试用例属性	规则定义
1 级	风险测试用例	针对可能给用户的人身安全、财产、重要信息等带来的风险，如用户的健康记录数据、财务数据、信用数据丢失等，设计相应的测试用例
2 级	基本功能测试用例	需求定义的业务功能生效测试用例，业务操作的正向、逆向、边界测试用例
3 级	生僻测试用例	用户可能用到但不常见的操作（或存在风险但有规避措施）的测试用例

表 8-3　测试用例级别定义（操作频率）

测试用例级别	操作频率	规则定义
1 级	高频操作	用户每天或经常用到的重要业务功能的测试用例，如业务工作流，完成某些业务的主要场景测试用例
2 级	中频操作	用户用到的次要或辅助功能的测试用例
3 级	低频操作	用户极少用到的功能的测试用例（路径深或不寻常的操作）

---

① 帕累托法则（Pareto principle，又称 80/20 法则、关键少数法则、八二法则）是罗马尼亚管理学家约瑟夫·朱兰提出的一条管理学原理。该法则以意大利经济学家维尔弗雷多·帕累托的名字命名。帕累托于 1906 年提出了著名的关于意大利社会财富分配的研究结论：20％的人口掌握了 80％的社会财富。

表 8-2 展示的是从对用户使用的风险角度定义的业务功能测试用例级别，表 8-3 展示的是从业务功能的操作频率角度定义的测试用例级别。产品的业务不同，测试用例级别定义的规则有所不同。根据测试用例级别定义标准，每个测试人员在完成测试用例的编写后便可以给测试用例定级，这样，当项目迭代开发过程结束时，产品的 20%重要测试用例便自动形成了。

测试用例的级别定义看似简单，实则不然。测试用例的级别定义标准要适合团队当下的项目需求，能够在团队内部达成一致，并能够真正落地应用。下面是测试用例级别定义时常见的 3 种问题。

1）测试用例级别定义时缺少团队核心成员的讨论过程，导致团队成员应用时对其理解不同，应用结果不同。

2）在测试用例级别定义后，项目团队缺少对它的宣讲、培训，导致推广不力。

3）在测试用例级别应用后，项目团队缺少审核与反馈机制，导致存在的问题没有得到及时解决。

通过帕累托法则在测试用例级别定义中的应用，重要的用户使用场景及业务功能的测试用例已被筛选出来，然后，我们对它们进行充分测试。

8.3.2　已测试通过的功能不"灵"了

在敏捷开发模式流行的今天，你或许在某个科技园的咖啡厅中经常听到有人提到迭代、"冲刺"等专业术语。是的，我们都在"玩"敏捷。敏捷开发模式给我们的产品研发活动带来了很大的突破，但也带来了一些挑战。下面是 Carl 分享的他在迭代开发过程中遇到过的问题，以及解决这些问题的方法。

Carl：我们曾经为一家大型电子厂研制过工业用平板电脑，其内置操作系统是经过定制开发与配置的。为了支持我们公司内部装配车间的操作员在批量生产过程中可自动备份出厂前的装调数据，在设计上，软件提供了"厂家数据备份"功能。同时，为了在用户端一旦出现配置数据异常，维修人员可以恢复到出厂设置值，软件提供了"恢复出厂设置"功能。我给你们展示一下其"系统设置"界面（见图 8-2）。

图 8-2 "系统设置"界面

Sherry：很多设备都有这些功能，它们是装配车间的操作员经常使用的基本且重要的功能。它们出了什么问题了吗？

Carl：是的。后来，为了满足用户新的需求，我们在此界面上增加了字号大小的选择功能，但原来的"恢复出厂设置""厂家数据备份"选项显示不出来了。在正常情况下，新增字号大小选择功能的界面应该是这个样子的，你们可以看一下（见图 8-3）。

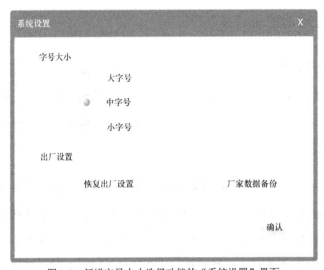

图 8-3 新增字号大小选择功能的"系统设置"界面

Sherry：怎么回事呢？

Carl：对于"出厂设置"与"字号大小"这两个设置区域，在进行软件设计时，软件开发人员赋予了它们不同的访问权限。公司内部装配车间的操作员可以看见"字号大小""出厂设置"区域，但购买产品的终端用户看不到"出厂设置"区域。在增加新功能的版本发布后的头几天，装配车间的操作员反馈"看不到'出厂设置'区域"问题（见图8-4），这样的话，他们无法按工艺要求备份厂家数据，项目团队需要紧急解决此问题。

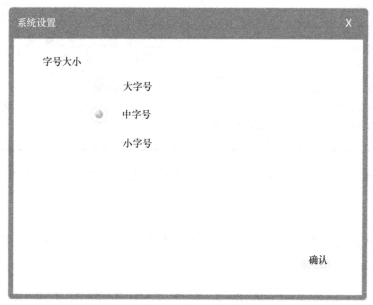

图 8-4 异常情况下的"系统设置"界面

Sherry：这个问题已经影响生产装机了，确实比较严重。你们后来发现原因了吗？

Carl：经过认真分析，我们发现了原因。在代码实现时，新增的"字号大小"功能的 3 个枚举值与原来的"出厂设置"功能的两个枚举值产生了冲突，前者挤占了后者的位置，导致原来的"出厂设置"功能失效。而测试人员恰恰只验证了新增功能的正确性，没有分析新增功能对同一界面中其他选项的影响，没有设计对应的测试用例，导致漏测。

Sherry：我们也遇到过类似问题。

Carl：你们是如何解决此类问题的呢？

Sherry：一些人认为此类问题无解，因为每个人的能力不同。其实，我们可以从流程上进行分析，找到可行的解决方案。对于此类漏测问题，我们可以针对需求、实现和测试 3 个活动对软件的整个开发过程进行流程回顾与分析，我给你们看一下我们之前设计的软件开发过程重要活动的流程回顾与分析表（见表 8-4）。

表 8-4　软件开发过程重要活动的流程回顾与分析

活动	当前流程回顾	执行情况回顾	改进了什么
需求	在用户需求转化为软件设计需求时，哪些专家参加了评审？ 是否评审通过？	1）通过回顾，确认是流程问题、执行问题，还是其他问题； 2）找出问题，分析问题，再考虑可改进的解决方案	需求方面的改进点有哪些？
实现	开发人员的设计方案是否评审通过？ 新功能的代码是否评审通过？		设计实现方面的改进点有哪些？
测试	测试方案是否评审通过？ 测试用例是否评审通过？ 在版本发布前，测试是否还涉及其他活动的流程定义？		测试方面的改进点有哪些？

Carl：原来如此。我们的项目团队从来没有进行过复盘和讨论，主要是测试团队进行内部讨论。

Sherry：这种情况是比较常见的。站在测试的角度，我们也可以找到一些解决办法。不过，我要先问你两个问题。

1）每一个需求是否都有测试用例进行追溯？

2）对于新员工测试的功能点，是否采用了交叉测试？

Carl：对于新增的"字号大小"选择功能，我们进行了需求与测试用例的追溯，但追溯表并不能体现是否漏测了。对于新员工测试的功能点，我们没有采用交叉测试。

Sherry：出现这种情况通常是因为需求的粒度太粗，如需求列表中可能只列出了想要的功能，但没有详细的定义。

作者：对于你们提到的此类漏测问题，从流程上着手解决确实是一种好的思路。如果从技术方面进行解决，我建议采取自动化测试思路。此问题涉及不同权限的用户的显示界面有所不同的情况，我们可以采用基于图片识别的自动化测试工具，如 Sikuli/SikuliX、AutoMate、Eggplant 等，编写对应的脚本以进行自动化回归测试。

Carl：好主意！

据 Carl 后来的反馈，他们的项目团队开始应用交叉测试策略，在功能点的交叉探索测试中，完善测试思路，严格把控软件开发过程的质量。

8.3.3　每月月底"自崩溃"的软件

Sherry 曾经收到一则"奇怪"的用户反馈。在某家医院的信息科中，医生使用一款 Sherry 所在公司研发的用来记录每天门诊病人就诊情况的数据管理软件。令人不解的是，该软件在月底就会"崩溃"，这个现象已连续发生 3 个月了。但在重启计算机后，该软件可继续正常使用。

Sherry 在收到用户的反馈后，立即展开调查分析，最后得到如下原因。原来，该软件在收到一个病人就诊信息时，会弹出提示信息，提醒医生有就诊样本到来，提示信息在 3 秒后自动消失。这家医院每天的就诊样本量为 300～350 个，到月底时，一般会达到 10000 个。实现此提示信息功能的开发人员在编码时申请了 GDI（Graphics Device Interface）资源，但一直没有释放。而 Windows 操作系统对 GDI 对象的数量是有限制的，在默认情况下，每个进程 GDI 对象默认最大值为 10000，超过时会导致内存分配失败。于是，该软件就出现了一到月底就"自崩溃"的问题。

对于此类侧漏问题，Sherry 所在的团队进行了分析，并给出了如下解决措施。

1）增加内存泄露专项测试，区分不同软件子系统，采用不同的方法与工具。例如，采用 C++、C#实现运行在 Windows 系统上的应用程序，在回归测试前，采用 procexp.exe 工具监控各进程 GDI 使用情况，避免同类问题的再次发生，由测试人员实施。

2）增加静态代码自动扫描分析，使用工具 PVS-Studio，并把此工具纳入 CI（Continuous Integration，持续集成）版本自动构建中，自动输出扫描结果，并由专人分析。

3）在代码审查 checklist 中，增加 GDI 分配可能泄露的检查点，如表 8-5 所示，主要检查内存申请方式和释放方式是否配对，由编码人员自动检查，代码审核人员抽查。

表 8-5　C++编码常用内存申请与释放检查单

序号	常用内存申请方式	释放方式
1	GetWindowDC() GetDC()	ReleaseDC()
2	CreateSolidBrush() CreatePen() CreatePointFont()	DeleteObject()
3	CreateWindow() CreateDialog()	DestroyWindow(hwnd)
4	HANDLE hFile = CreateFile()	CloseHandle(hFile)

关于上面 3 条措施，Sherry 建议：

1）将应用进程运行监控工具 procexp.exe 和静态代码扫描工具 PVS-Studio 开展的专项测试的任务纳入测试流程中，并定期开展，从而保证措施的落地效果，同时可提升团队成员分析问题、定位问题的能力；

2）引入开源的 VLD（Visual Leak Detector）工具，辅助检查可能存在的内存申请与释放的不安全风险因素。

8.3.4　意想不到的 bug

在谈及软件 bug 时，你可能认为它就是软件代码的问题，但如果你的身边有经验丰富的测试工程师，他或许会告诉你，事情并非如此。下面的案例故事可能刷新你对 bug 的认知。

负责血糖仪产品的项目经理 A 接了一通电话后，匆忙来到测试工程师小 M 身边。

项目经理 A：刚才我接到咱们公司某个用服工程师的电话，软件在进行客户端升级后，仪器的 FPGA 程序版本号不升反降。

小 M：我记得我们验证过升级场景，应该是没问题的。

项目经理 A：用服工程师正在给客户升级软件，咱们需要马上确认问题原因并提供解决方案。

于是，小 M 立即获取发布的软件包，并对仪器搭载的软件进行升级。

小 M：问题确实存在，FPGA 程序版本的确从 1.1.30 降到了 1.1.00。

小 M 一时找不到问题的原因，于是找来了开发工程师小 P。

小 P：这个 FPGA 程序是由硬件开发同事传递过来的，软件只是读取其中的版本号并显示而已。

小 M：我清楚地记得测试过程中确认过此版本号，对应的测试用例也是通过的，问题出在哪个地方了呢？

在 3 个人仍找不到问题所在时，小 P 找来了他的老师——某资深开发工程师。

某资深开发工程师：我查一下代码库，看看是怎么回事。

十几分钟后，这位资深开发工程师给了他们回复。

某资深开发工程师：FPGA 程序版本号被写在一个文件中，由软件读取它并显示在界面上，正确的版本号应该是 1.1.100，但开发人员误写成了 1.1.00。在 FPGA 程序升级后，如果只看版本号，看似版本号倒退了，其实只是软件读取了错误的版本号，程序本身并没什么问题。

小 M：最后发布的版本不是我测试过的最后版本吗？

某资深开发工程师：理论上是这样的。实际上，程序本身是正确的，即软件功能是正确的。发布给测试人员的版本一直在代码库的主干上进行开发，自动构建得到的升级包版本号也是符合预期的。在版本发布归档时，开发人员另外建立了版本分支，并手动生成了版本号配置文件，因此造成了上面的失误。

小 M：在最后的归档版本上，我们确实只确认了功能，没有检查各组件的版本号。

某资深开发工程师：人工写入代码版本号确实容易出错。其实，这个问题比较容易解决，我们可以考虑通过编写脚本的方式从版本库中自动获取版本号，然后将版本号自动写入文件。

小 M：这确实是个不错的想法。

项目经理 A：基于大家的分析，我认为此问题不存在风险。我会与用服工程师进行沟通，明确仪器可以继续使用，并把正确的版本配置文件发给他。

软件版本号是软件在某一时刻的快照，是软件的重要标签。但是，一些测试人员经常忽略它，有时会在测试工作进行了一大半，甚至完成后，才想到去看看测试对象的版本号是否正确。

对于下面列出的几个常见问题，我们不妨将它们纳入测试工作的自查范围。

1）在安装新软件后，是否确认了测试对象的版本号？

2）版本号由哪几段（含数字或字母）组成？每段的含义是什么？

3）对于各种类别的小软件（如硬件 FPGA 程序、驱动程序）和一些第三方软件（如动态库），以及一些与产品软件无直接关系，但又服务于产品的过程管理软件的版本号，是否都有明确的定义？

软件版本号的问题与业务功能性问题不同，我们把版本号的检查纳入测试任务，并不断优化检查方法，是可以做到及时发现问题的。

8.3.5　不全是测试的问题

一位资深的开发工程师对作者说过：测试提交的 bug 就像头顶上悬着的一把剑，只要还有一个 bug 没被消灭掉，这把剑就随时可能掉下来。

从理论上来说，测试人员不可能发现所有 bug，但当有漏测 bug 出现，特别是用户发现了 bug 并影响对产品的正常使用时，测试人员肯定是要进行复盘分析的。在对漏测问题进行复盘分析时，从产品研发的整个流程来看，寻找避免漏测的解决方案并不是只从测试维度进行考虑。下面是一个漏测问题复盘会议场景。

A 公司主要从事专业财务类软件的研发、销售。在某个周一的早上，软件开发总监收到一封带有 "！" 的加急邮件。邮件是市场部门人员发送的，上面写道："发给 X 银行的理财软件，当数据库容量较大（目前近 10GB）时，查询投资人的资金流向与收益对照统计表时出现数据错误，希望研发部门尽快解决。此报表由银行内部理财分析师使用，暂不涉及客户财产损失问题，但报表上的统计数据错误，会影响理财分析师的决策，需要组织相关人员尽快解决，把补丁包发出去。"软件开发总监看后，将此邮件转发给了团队的相关成员，并要求他们做好准备，在午休后参加漏测问题复盘会议。

在漏测问题复盘会议上，开发工程师小 D 首先发表了意见。他首先讲述了当初对软件的设计和评审过程，然后分析了可能出现问题的几处地方，最后，对于问题如何漏到了客户端，他认为是测试人员缺少针对性的调试、验证等。他还认为，当时的软件测试只是从功能层面进行了简单的验证，没有涉及数据库性能方面的测试。他强调，对于类似功能，测试人员需要加强调试、验证等工作。测试工程师小 T 首先承认这个出现在客户端的问题确实是漏测问题。但是，他认为，对于这个问题，从设计方案来看，当数据量较大时，数据表之间的相互索引关系变得非常复杂，影响了软件的性能，但软件的性能指标方案中并未明确定义；在这种情况下，测试工程师确实不太容易分析清楚。他还认为，如果存在设计上的问题，等到软件编码完成并发布给测试人员，再通过验证去"堵住"问题，那么，从软件质量维护的成本来看，显然是下策。然而，小 D 认为，设计方案经过多人评审，如果有问题，那么当时就已提出，设计方案显然是没问题的。

在长时间的讨论后，大家仍然各执一词。于是，软件开发总监叫停了讨论，并让小 D 介绍一下他的设计模型。小 D 找到了当时的设计模型，结合软件进行演示，但是，没过多久，他发现自己也介绍不清楚了。于是，软件开发总监严肃地批评了小 D，指出他对用户的需求理解有问题。软件开发总监认为，这个问题出在设计的模型上，开发人员需要重新理解用户需求，然后更改设计模型。

在软件开发总监的要求下，开发人员和测试人员从不同角度重新审视了整个研发过程，认真分析了重要节点的输入与输出，各自寻找能够落地的解决方案，并进行了充分讨论。

在软件的研发过程中，问题复盘会议是一个提升团队能力的重要契机。对于软件中出现的问题，作为测试人员，我们要学会跳出测试范畴，挖掘问题的真正原因，找到合适的解决方案，必要时，我们还要协助开发人员或其他角色认识问题根源。

这里，作者推荐唐纳德·C.高斯（Donald C. Gause）和杰拉尔德·M.温伯格（Gerald M. Weinberg）合著的《你的灯亮着吗？发现问题的真正所在》，该书介绍了如何提出问题与分析问题。

8.4 测试工作的质量与效率

不少测试工程师提到，测试工作质量的评价与开发工作不同，因为版本上线后，一般情况下，用户会在使用产品一段时间后才进行反馈，用户的反馈正是对测试工作质量进行评价的依据，但这个反馈存在滞后性。对于测试人员的工作效率，我们又该如何进行评价呢？我们或许使用每天可编写的测试用例数量、每天执行的测试用例数量、每天提交的 bug 数等指标进行评价。其实，业界目前还没有关于测试效率的评价的权威标准。因此，作者结合多年测试工作经历，介绍一下测试工作的质量和效率的评价相关内容。

8.4.1 测试的基本输出与质量判断

想要了解测试工作的质量，我们首先需要清楚测试工作的输出有哪些。如果我们不清楚测试的基本输出，那么可以采用横向类比的方法，即通过与开发基本输出的横向类比，得到测试的基本输出，如图 8-5 所示。严格来说，bug 不属于开发人员的输出，因为它隐藏在代码中。

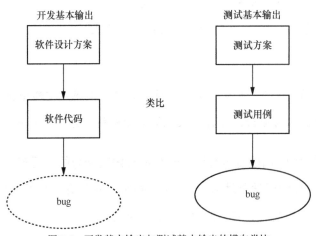

图 8-5 开发基本输出与测试基本输出的横向类比

测试方案如同开发时的软件设计方案，它在研发过程中一般采取专家评审的方式进行评审。因此，评审专家的反馈可以作为测试工作质量评价的依据之一。测试方案中提到的分析与设计内容是测试用例设计的来源，测试用例的充分性与测试方案的质量息息相关。测试用例的充分性直接决定着能否及时、有效地拦截 bug。如何判断软件中的 bug 是否被及时拦截了呢？在产品研发的测试过程中，我们可以统计内部测试用例命中的 bug 数、内部非测试用例命中的 bug（通过探索式测试发现的 bug）数、外部用户（非研发内部测试人员）反馈 bug 数等，从而得到反映测试工作质量的重要客观数据。测试人员通常使用的测试手段是设计测试用例来命中 bug，此时，bug 集合图如图 8-6 所示。

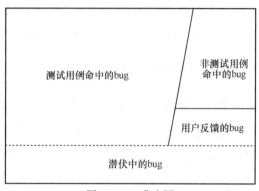

图 8-6　bug 集合图

通过分析测试用例命中的 bug 数、非测试用例命中的 bug 数、用户反馈的 bug 数，再结合项目的复杂度和团队能力成熟度，我们可以及时评价测试工作的质量。根据作者多年的工作经验，抛开软件中"潜伏"的 bug 不谈（因为它不可量化），一般情况下，绝大部分 bug 可以通过测试用例来命中，小部分 bug 需要通过探索式测试发现，外部用户反馈的 bug 属于个别现象（不影响用户对主要业务场景的使用）。如果读者实践时的情况与上述情况相差较大，那么需要认真分析原因，判断是技术、流程，还是其他方面存在问题，从而采取不同的措施。

8.4.2　需求覆盖率与代码覆盖率

通过统计测试用例命中的 bug 数、测试非用例命中的 bug 数和外部用户反馈 bug 数等，我们可以判断测试的充分性，继而评价测试工作的质量。然而，仅仅统计 8.4.1 小节提到的这些数据，还是不够的，我们还需要关注测试工作中的两个重要数据：需求覆盖率和代码覆盖率。

需求覆盖率是指用户需求的实现比例，一般要求全部实现。如何证明软件已实现了用户的需求呢？需求与测试用例执行记录（测试报告）的追溯表就是最好的证明。在使用需求与测试用例执行记录的追溯表时，我们需要注意下列两点。

1）软件需求有对应的测试用例执行记录，只能说明需求已实现，追溯的充分性还需要测试工程师理解需求与测试用例的关系后再进行判断。表 4-3 展示的软件设计需求与测试用例追溯表是一种便于自查和他查的辅助工具，特别是在测试用例评审时，能够让评审专家快速理解测试用例设计的思路，以便判断测试的充分程度。

2）所有的需求 ID 都有测试用例追溯，但并不代表所有需求已被实现，这与需求条目定义的粗细粒度有关。在项目实践中，我们曾遇到多次需求条目中的细节功能点未实现，而测试人员并未发现的情况。这种情况也就是我们常说的遗漏实现。

另外，存在实际的需求，开发人员已实现，但无测试用例追溯。这种情况常见于开发人员未按正常开发流程开展工作，提交了代码，但对应需求并未体现在需求库（或文档）中，测试人员并不知情。在这种情况下，测试人员可能会因信息不一致而导致漏测发生。

在上文中提到，判断测试充分性还有一个重要数据，即代码覆盖率。下面介绍一下作者关于代码覆盖率的 3 点心得。

1）代码覆盖率可以在一定程度上说明测试的广度，还能够给测试团队带来信心。至于代码覆盖率为多少才能说明测试充分了，业界并无统一的说法。在作者的实践中，Linux 嵌入式系统软件的系统测试的代码覆盖率一般为 75%，从软件质量的反馈来看，这个代码覆盖率取得了不错的效果。而我们在对基于 Windows 的应用软件进行测试时，代码覆盖率一般保持在 90%。

2）代码覆盖率高并不一定表示软件质量高，但软件质量高往往存在着代码覆盖率高的情况。

3）代码覆盖率（代码覆盖染色报告）可以"告诉"我们哪些代码路径未覆盖，哪些已覆盖。未覆盖的代码路径是否需要验证，我们需要视具体情况而定，如防御性代码，一般情况下，无须进行验证。当然，对于确实需要验证的代码路径，我们需要补充测试用例并进行验证。

8.4.3 测试自动化与自动化测试

无论是软件开发，还是软件测试，提升效率似乎是一个永恒的话题。对于软件测试，每次谈及如何提升测试效率，很多人都会提到自动化测试和工具开发。谈及自动化测试，提到最多的可能是测试用例执行的自动化。

自动化测试一般是指把原来人工执行的测试用例转换成计算机能够识别的测试用例脚本，让程序自动执行测试用例的过程。

自动化测试是众多测试手段中的一种，由于它在测试用例的执行上可以完全或部分代替人工，效率提升明显，因此，受到很多测试工程师的青睐。然而，在软件工程化的实战过程中，我们会发现，测试用例的执行仅是测试工作的一小部分，我们需要在产品研发全链路上提升效率，这将涉及整个研发流程中与测试相关的工作任务的自动化。

什么是测试自动化？测试自动化是全局性的，把整个项目中与测试相关的研发流程看成一个体系化的测试过程，其中每一阶段的流程、任务都采取自动化思维，用技术手段解决范围更广的产品研发全链路中与测试相关的问题。

从一个产品立项到退市的整个生命周期来看，测试自动化是全局、多维度的，而自动化测试是局部的，强调测试执行的自动化。为了帮助读者理解测试自动化和自动化测试，我们提供了软件敏捷开发示意图，如图 8-7 所示。

在一个项目启动测试后，测试团队首先制订测试策略，包括测试架构的设计、测试工具的开发、测试环境的搭建等；接着，设计每个迭代模块或子模块的测试方案，编写测试用例；然后，执行测试；最后，经过多轮同样的迭代开发，发布软件版本。从图 8-7 中可以看出，在通常情况下，我们所说的自动化测试仅是使用程序自动执行测试用例，即图中椭圆形表示的测试活动的一部分。在实际项目的测试过程中，测试的设计与执行密切相关，测试过程中需要不断增加、修改测试用例。在测试分析与设计阶段，我们可以考虑将多种测试活动进行自动化。例如，为了测试某个对象，我们需要准备多个版本的 Windows 操作系统环境（如 Windows 10、Windows 8 和 Windows 7），此时，可以采用虚拟机技术，安装、配置多种所需的操作系统测试环境。当需要某种测试环境时，一键启动即可，省去每次安装、配置的重复工作。

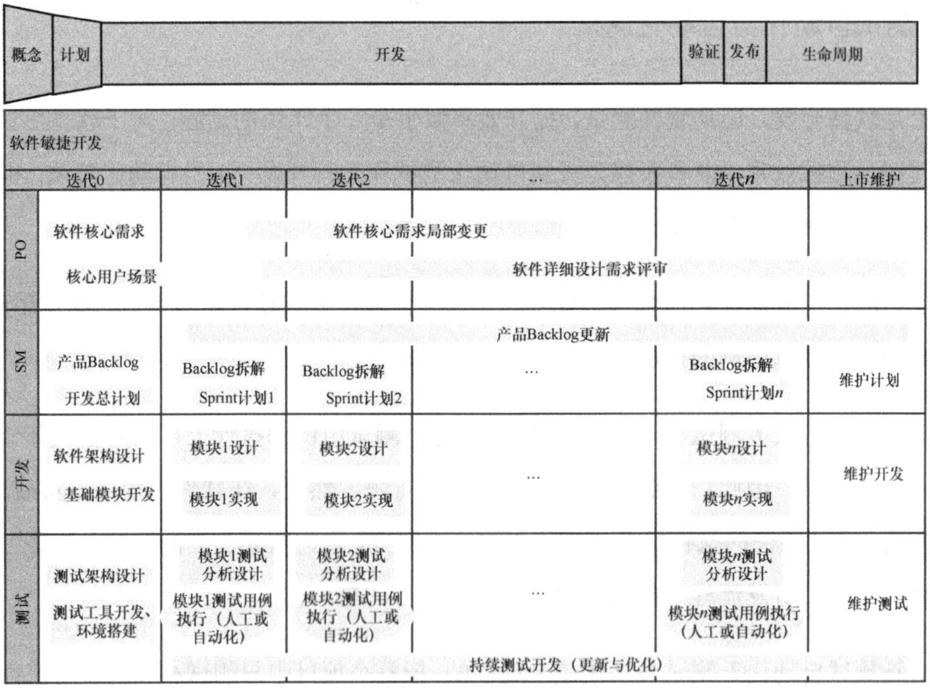

图 8-7　软件敏捷开发

　　在不同测试阶段的测试活动，甚至是与测试相关的项目接口活动中，如软件配置管理，以及测试与开发的版本发布流程等，我们都可以采取自动化测试思路，采用合适的技术、应用工具，以及测试脚本，提高测试效率，而不能仅局限于自动化功能测试的测试用例。

参考文献

[1] 肖利琼. 软测之魂：核心测试设计精解[M]. 北京：电子工业出版社，2011.

[2] 肖利琼. 软件测试之魂：核心测试设计精解[M]. 2 版. 北京：电子工业出版社，2013.

[3] 胡红卫. 研发困局：研发管理变革之路[M]. 北京：电子工业出版社，2009.

[4] 菲利普·科比（Philip Kirby）. 流程思维：企业可持续改进实践指南[M]. 肖舒芸，译. 北京：人民邮电出版社，2018.

[5] 王玉荣，葛新红. 流程管理[M]. 5 版. 北京：北京大学出版社，2016.

[6] 水藏玺，吴平新，刘志坚. 流程优化与再造[M]. 3 版. 北京：中国经济出版社，2013.

[7] Tom DeMarco，Timothy Lister. 人件[M]. 肖然，张逸，藤云，译. 北京：机械工业出版社，2014.

[8] 小弗雷德里克·布鲁克斯. 人月神话[M]. UMLChina 翻译组，汪颖，译. 北京：清华大学出版社，2002.

[9] 忻榕，陈威如，侯正宇. 平台化管理[M]. 北京：机械工业出版社，2019.

[10] 夏忠毅. 从偶然到必然：华为研发投资与管理实践[M]. 北京：清华大学出版社，2019.

[11] 苏杰. 人人都是产品经理 2.0：写给泛产品经理[M]. 北京：电子工业出版社，2017.

[12] 朱少民. 全程软件测试[M]. 3 版. 北京：人民邮电出版社，2019.

[13] 杨晓慧. 软件测试价值提升之路[M]. 北京：机械工业出版社，2016.

[14] 罗伯特·西奥迪尼. 影响力[M]. 闫佳，译. 杭州：浙江人民出版社，2015.

[15] Cem Kaner，James Bach，Bret Pettichord. 软件测试经验与教训[M]. 韩柯，等译. 北京：机械工业出版社，2004.

[16] 戴尔·卡耐基. 人性的弱点[M]. 林杰，译. 北京：北京联合出版社，2015.

[17] James AWhittaker. 探索式软件测试[M]. 方敏，张胜，钟颂东，郭艳春，译. 北京：清华大学出版社，2010.

[18] AlanPage，Ken Johnston，Bj Rollison. 微软的软件测试之道[M]. 张爽，高博，欧琼，赵勇，等译. 北京：机械工业出版社，2009.

[19] Donald CGause，Gerald MWeinberg. 你的灯亮着吗？发现问题的真正所在[M]. 俞月圆，译. 北京：人民邮电出版社，2020.

[20] 邱昭良. 复盘+：把经验转化为能力[M]. 3 版. 北京：机械工业出版社，2018.